餐饮空间设计

景蕾蕾 主编　　张德厚　周海军　副主编

化学工业出版社
·北京·

内容简介

《餐饮空间设计》精选企业最新真实项目，系统讲解餐饮空间全案设计的流程和方法，采用“活页式手册”的创新形式，将全书分为任务知识手册及项目训练任务手册两部分，两册皆可单独使用及拆装。内容分为前奏设计、主体设计、升华设计三个阶段，具体包括餐饮空间设计概述、餐饮空间设计的原则和内容、餐饮空间的外观设计、餐饮空间的定位与设计程序、餐饮空间的设计规划、餐饮空间的主题规划设计、主题餐饮空间的室内陈设设计、主题餐饮空间的整体软装实操流程八个方面，并将思维导图贯穿全书，实现高效学习知识的目标。

本书可作为高职高专院校、成人教育学院等建筑室内设计、室内艺术设计专业的教材和教学参考书，也可作为从事餐饮空间设计人员的参考用书。

图书在版编目（CIP）数据

餐饮空间设计／景蕾蕾主编；张德厚，周海军副主编. —北京：化学工业出版社，2022.9（2024.11重印）

ISBN 978-7-122-41536-3

Ⅰ.①餐… Ⅱ.①景…②张…③周… Ⅲ.①饮食业-服务建筑-室内装饰设计 Ⅳ.①TU247.3

中国版本图书馆CIP数据核字（2022）第091831号

责任编辑：李彦玲　　文字编辑：吴江玲
责任校对：李雨晴　　装帧设计：王晓宇

出版发行：化学工业出版社（北京市东城区青年湖南街13号　邮政编码100011）
印　　装：北京新华印刷有限公司
787mm×1092mm　1/16　印张9½　字数215千字　2024年11月北京第1版第3次印刷

购书咨询：010-64518888　　售后服务：010-64518899
网　　址：http://www.cip.com.cn
凡购买本书，如有缺损质量问题，本社销售中心负责调换。

定　　价：49.80元

前言

“餐饮空间设计”是建筑室内设计、室内设计专业的核心课程，通过创新化的岗位教学，实现学习者职业技能与岗位群的对接，掌握较强的装饰设计塑造及配套能力，促进学习者全面职业素质的养成。随着房地产和装饰业的发展，新技术、新理论、新知识和新方法不断更新，与建筑室内和装饰工程相关的新标准、新规范也不断修订和更新。本书是编者在总结多年室内餐饮空间设计教学改革经验的基础上，结合最新行业标准，按照教育部高等职业教育设计类专业的人才培养要求编写的。

本书为数字化校企合作开发教材，以企业实际项目为中心，将餐饮空间设计分为前奏设计、主体设计以及升华设计三个阶段，将涉及的知识点和技能点贯穿进项目中，每个项目都由前导训练进入任务知识的学习，继而展开项目实操，达到设计任务要求。最后，每个项目都会提供拓展内容，供学习者提升设计能力，掌握设计方法。各项目层层递进，要求不断深入，目的是让学习者最终掌握餐饮空间全案设计的方法。本书内容可按照54 ～ 72学时安排，推荐学时分配见下表，实训项目的设置突出实用性和可操作性，不同专业的教学可根据培养要求和课时不同灵活调整。书中以二维码的形式附上相关设计案例和配套知识点讲解图片、视频等作为参考。

推荐学时分配表

<table>
<tr><th rowspan="2">项目</th><th rowspan="2" colspan="2">教学内容</th><th colspan="2">建议学时</th><th rowspan="2">合计</th></tr>
<tr><th>理论</th><th>实训</th></tr>
<tr><td rowspan="3">项目一</td><td rowspan="3">餐饮空间的前奏设计</td><td>单元一　餐饮空间设计概述</td><td>2</td><td rowspan="3">4 ～ 8</td><td rowspan="3">12 ～ 16</td></tr>
<tr><td>单元二　餐饮空间设计的原则和内容</td><td>2</td></tr>
<tr><td>单元三　餐饮空间的外观设计</td><td>4</td></tr>
<tr><td rowspan="2">项目二</td><td rowspan="2">餐饮空间的主体设计</td><td>单元四　餐饮空间的定位与设计程序</td><td>2</td><td rowspan="2">10 ～ 20</td><td rowspan="2">16 ～ 26</td></tr>
<tr><td>单元五　餐饮空间的设计规划</td><td>4</td></tr>
<tr><td rowspan="3">项目三</td><td rowspan="3">餐饮空间的升华设计</td><td>单元六　餐饮空间的主题规划设计</td><td>4</td><td rowspan="3">14 ～ 18</td><td rowspan="3">26 ～ 30</td></tr>
<tr><td>单元七　主题餐饮空间的室内陈设设计</td><td>4</td></tr>
<tr><td>单元八　主题餐饮空间的整体软装实操流程</td><td>4</td></tr>
<tr><td colspan="3">总计</td><td>26</td><td>28 ～ 46</td><td>54 ～ 72</td></tr>
</table>

为积极响应2019年国务院颁布的《国家职业教育改革实施方案》相关政策，本书采用新型活页式工作单形式，方便用书教师结合教学需要随时增减或替换教学内容，也方便学生交作业及随时添加笔记和学习辅助资料。

党的二十大报告从“强化现代化建设人才支撑”的高度，对“办好人民满意的教育”做出了专门部署，为推动教育改革发展指明了方向。习近平总书记强调，素质教育是教育的核心，教育要注重以人为本、因材施教，注重学用相长、知行合一。在此理念的指导下，本书将中国传统思想中的“格物、致知、诚意、正心”的理念传输给学生，运用可以培养大学生理想信念、价值取向的题材与内容激发学生的学习兴趣，以任务为驱动，教学做合一，发挥学生自主学习的能动性与创新性，在潜移默化中对学生进行思想政治教育，对学生的职业技能素养培养起到举足轻重的作用，有利于实现立德树人目标。

本书由无锡商业职业技术学院景蕾蕾担任主编，副主编深圳市美术装饰工程有限公司张德厚以及无锡商业职业技术学院周海军分别为本书提供了大量实际案例和高品质优秀的学生作品，为教材的编写与应用提供了充分的实践经验。朱文豪、陈燕、蒋蕙参与编写。

本书在编写过程中参考、借鉴了大量文献资料和相关的设计类专业教学文件，也得到了化学工业出版社的大力支持，在此对相关作者和单位一并致以衷心的感谢！

由于编者水平有限，书中难免存在不足和疏漏之处，敬请读者批评指正。

编者

2022年2月

目录

绪论
001

项目一 餐饮空间的前奏设计
003

活页式创新教材使用说明

本书为活页式创新教材，积极响应2019年国务院颁布的《国家职业教育改革实施方案》相关政策。与现在普遍采用的胶装教材不同，本教材采用“活页式手册”的形式，将全书分为任务知识手册（本书）及项目训练任务手册两部分，两册皆可单独使用及拆装。本活页式创新教材具有以下主要特点。

一、活教活学

任务知识手册为任务知识殿堂资料库，包括从餐饮空间设计概述到主题餐饮空间的整体软装实操流程所涉及的理论知识、设计规范、设计方法等知识点，教师可以根据学生实际专业情况，灵活替换、添加、更新教学内容，调整教学顺序；教师可以根据学生实际学习能力，选择以课前自主预习、课上集中讲授或课后延伸拓展的形式展开教学。学生亦可结合教材提供的二维码以及多种网络学习空间等进行自我学习。

二、活用活取

项目训练任务手册包括随堂快题设计用纸以及后续项目实训草图用纸，课程结束后可作学生作品集以及教师教学成果展示用，具体案例以及项目基地选择建议教师和学生根据实际情况进行调整；每个训练任务后附有评分标准，教师可根据教学需要收缴发放、落实课程评价，及时调整教学。

CATERING
SPACE
DESIGN

餐饮空间设计

绪论

本书知识点思维导图

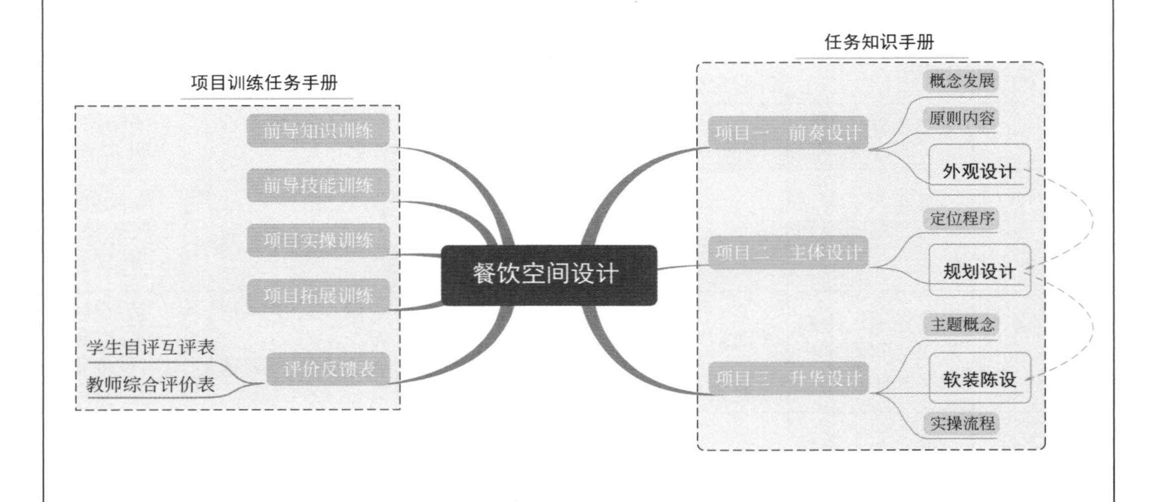

本书课程思政探索

《餐饮空间设计》一书注重理论与实践相结合，横纵类比从东方到西方餐饮业的发展，通过案例、知识点等教学素材的设计运用，以润物细无声的方式将中国传统思想中的“格物、致知、诚意、正心”的理念传输给学生，提升了学生的艺术文化修养；结合社会主义核心价值观“富强、民主、文明、和谐、自由、平等、公正、法治、爱国、敬业、诚信、友善”，体现本教材课程思政的主题。思政元素的融入，对培养有高尚品德和传承中华优秀传统文化的复合型艺术人才具有非常重要的意义。

本教材不仅注重发掘学生的创造力和想象力，还运用可以培养大学生理想信念、价值取向、政治信仰、社会责任的题材与内容激发学生的学习兴趣，以任务为驱动，教学做合一，发挥学生自主学习的能动性与创新性，在潜移默化中对学生进行思想政治教育，对学生的职业技能素养培养起到举足轻重的作用，实现立德树人目标。

本教材中的每个思政元素的教学活动过程都包括内容导引、展开研讨、总结分析等环节，需要教师和学生的共同参与。在课堂教学中教师可结合下表中的内容导引，针对相关的知识点或案例，引导学生进行思考或展开讨论。

序号	对应单元	内容导引	思考问题	思政元素
1	单元一　餐饮空间设计概述	二、餐饮业的起源与发展	1.为什么中国的饮食文化中有那么多的民族性元素？说明什么？ 2.中国传统的烹饪技艺中哪些能够体现养德、修身的意义	爱国情怀 传统文化
2	单元二　餐饮空间设计的原则和内容	一、餐饮空间设计的原则	餐饮空间设计中的主要服务对象是什么？为什么	服务群众 人民至上
3	单元三　餐饮空间的外观设计	二、外立面的设计	传统建筑外立面的改造设计中如何达到“新老”结合	传统文化的保护与创新
4	单元四　餐饮空间的定位与设计程序	一、餐饮空间的设计程序 三、餐饮空间的目标定位	1.餐饮空间设计中有哪些需要执行的规范要求？ 2.如何准确地对餐饮空间设计进行定位？需要设计者有什么特性	标准化 规范化 求真务实
5	单元五　餐饮空间的设计规划	一、餐饮空间设计所涉及的人员分析	餐饮空间设计中涉及哪些专业人员？主要工作是什么	团结协作 职业精神
6	单元六　餐饮空间的主题规划设计	一、餐饮空间主题设计的理念与原则	1.餐饮空间的主题应该如何体现地域性和民族性？ 2.餐饮空间的主题性有什么演变规律	爱国情怀 民族精神 与时俱进
7	单元七　主题餐饮空间的室内陈设设计	二、餐饮空间灯光规划设计 三、餐饮空间家具规划与应用	1.餐饮空间的陈设设计中体现了什么样的职业素养？ 2.餐饮空间的软装陈设有哪些需要执行的设计规范	职业精神 标准化 规范化 大胆创新
8	单元八　主题餐饮空间的整体软装实操流程	一、商务阶段 四、布场阶段方案实施	1.商务阶段最主要的工作是什么？有什么需要注意的？ 2.保障方案高质量实施的要点是什么？如何做到	法治思维 职业精神 标准化 规范化

CATERING
SPACE
DESIGN

餐饮空间设计

项目一
餐饮空间的前奏设计

俗话说："民以食为天"，饮食在人们日常生活中占据着不可取代的重要位置，餐饮文化也是中华民族传统文化的重要组成部分，如何传承和发扬其中的优秀成果，未来食制将何去何从，不单单凭借个人的想法而改变，而是由社会经济、文化、心理共同来决定。

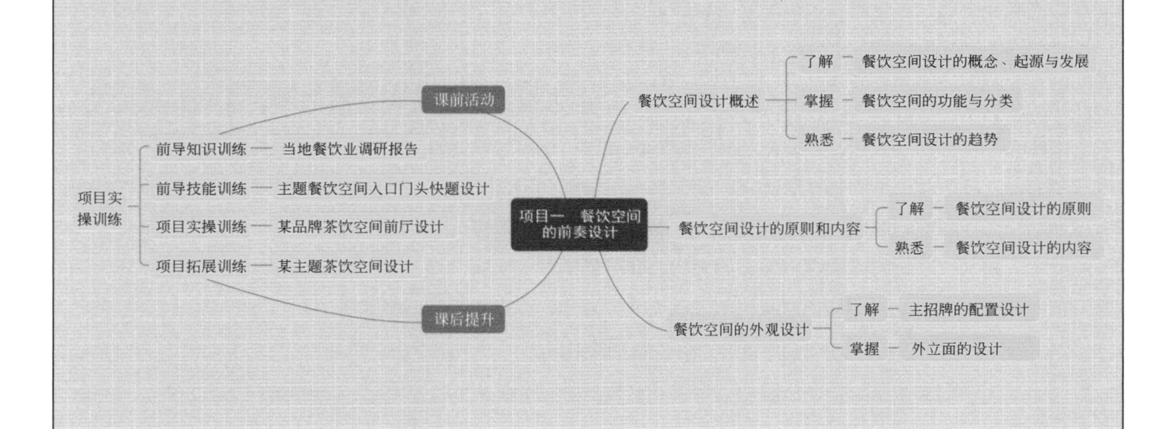

课前自主预习——餐饮市场调研的内容与方法

一、餐饮市场调研的内容

餐饮市场调研的内容涉及很广，设计师在进行餐饮市场调研时，要先确定目标对象、明确调研目的，根据所需的信息和目标特征选择适当的调研侧重点。通常餐饮市场调研的内容主要涉及以下五个方面。

1. 餐饮空间背景调研

餐饮市场环境包括一定时期内的相关政策法规和国家设计标准、规范，如行业政策、环境保护法、食品卫生法、饮食建筑设计标准、建筑内部装修设计防火规范等；社会经济状况，如当地经济发展水平，居民实现目标水平、消费水平、消费结构等；社会环境，如当地人口数量、地理分布、流动性、人口结构、团体单位的数量及类型等；社会时尚的流行及变化趋势；与原材料供应相关的自然环境等。

2. 餐饮市场需求调研

餐饮空间设计依赖于设计师对市场需求的了解。针对不同餐饮类型的不同消费者需要对相应餐饮市场的消费需求进行调查。调查内容如当地居民的饮食习惯和爱好、餐厅的营业时间、消费者偏爱的室内装饰风格和流行色等。

3. 餐饮市场同类空间调研

餐饮空间在市场竞争中要想使自身处于有利地位，还要对同类空间进行调研，包括：市场中的主要竞争者和潜在竞争者是谁？本餐饮空间在行业中处于何种竞争地位？同类空间的设计有何特点及消费者对其认可程度？同类空间的主要营销策略是什么以及有何市场计划？同类空间的优势和缺陷是什么？与竞争者相比，本空间的设计特色与优势是什么？

4. 餐饮空间主要功能调研

门厅是顾客进入餐饮空间的入口，也是组织进入餐饮空间的顾客人流集散的交通枢纽。入口在满足疏散的要求同时体现出餐饮的标识特征，也可以根据实际情况设计广告灯箱、食品展示窗，摆放食谱牌等宣传物，突出餐饮的特色。设置等候休息座、杂志架、引导服务台或经理台、收款总服务台、电话台、存包处。

餐饮空间的主体空间：就餐大厅、雅座、包房、宴会厅。

餐饮空间的辅助空间：办公空间、厨房、卫生间、过道等。

餐饮空间功能分区设计的基本原则如下。

① 餐饮空间的面积可根据餐厅的规模与级别来综合确定，一般按1.0m²/座～1.5m²/座计算。

② 营业性的餐厅应有专门的顾客出入口、休息前厅、衣帽间和卫生间。

③ 顾客就餐的活动路线应与送餐服务路线分开，避免重叠，同时还要防止厨房的油烟进入餐厅。

④ 在大餐厅中应以多种有效的手段来划分和限定各个不同的用餐区。

⑤ 各种功能的餐厅应有与之相适应的餐桌的布置方式和相应的装饰风格。

⑥ 应主要选用天然的材质，以给人温暖、亲切的感觉。

⑦ 餐厅内应有宜人的空间尺度和舒适的通风、采光等物理条件。

5.市场营销调研

餐饮空间营销调研主要针对餐饮空间经营内容和性质展开，主要包括：

① 餐饮空间的经营类型：中式餐厅、西式餐厅、宴会厅、快餐厅、风味厅、酒吧与咖啡厅、茶室。

② 餐饮空间的经营性质：营业性餐饮空间与非营业性餐饮空间。

③ 餐饮空间的规模：小型、中型、大型。

④ 餐饮空间的布置类型：独立式的单层空间、独立式的多层空间、附属于多层或高层建筑的群房部分。

二、餐饮市场调研的常用方法

餐饮空间设计前，设计师需进行相应的市场调研，常用的方法如下。

1.询问法

询问法是用询问的方式收集市场信息、资料的一种方法，它是调查和分析消费者行为和意向最常用的方法。询问一般是要求被询问者回答有关的具体问题，如对餐饮空间的风格、价格、服务、质量等方面的意见或建议。询问法又可分为以下几种。

（1）集体问卷法

集体问卷法是运用问卷的形式，选取某一单位或一部分人，每人按问卷要求，在规定的时间内进行回答，由调查者按时回收，进行整理汇总，以获取市场信息。

这种调研方法的优点是对象广、调查的面积大，被询问者有较充裕的时间考虑答案，费用较少。但是，问卷的回收率一般较低，而且不适宜调查较为复杂的问题。

（2）访问面谈法

访问面谈法就是调查人员直接访问被调查者，进行面对面的交谈来收集市场信息。这种方法的优点是当面交谈，不受问卷的约束，比较灵活，可以在交谈中互相启发、互相探讨，容易获得更深层次的信息和资料，并能增进了解，发展与顾客的关系。缺点是费时，调查结果易受调查人员素质的影响。因此，这种调查事先也要拟好提纲，并能驾驭谈话的局面。

2.观察法

观察法是由调查人员到调查现场直接进行观察的一种调研方法。观察法的优点是运用从旁边观察来代替当面的询问，使被调查者不感到自己是被调查，从而获得更加客观的第一手资料。另外，对于一些不宜询问的内容可以采取观察法，如餐馆门前的客流量、车流量、就餐人数、每桌的就餐人数等。观察者可以是市场调查人员，也可以是服务人员，还可以借助辅助手段，如摄像机、照相机等。

观察法又可分为以下几种。

（1）直接观察法

直接观察法就是由设计师直接到餐饮空间现场观察空间经营情况，以取得所需的信息。

（2）实际测定法

实际测定法是对某类餐饮空间的室内进行实际的测定，以取得信息。

（3）行为记录法

行为记录法是由调查人员用特定的方法，把被调查者在一定时间内的行为记录下来，再从记录中找出所需的信息、资料。例如消费者在空间的基本行为、基本动线，消费者的独特需求等。

3.资料分析法

资料分析法是利用内外部现成资料，运用统计的方法对餐饮空间进行分析的一种调查方法。这是一种间接的调查方法，它简便易行，节省人力和财力。采用这种方法应尽量将各种所需资料收集齐全，请熟悉业务的人员共同分析研究。这种方法还可以弥补直接调查的不足。但是资料分析法所依据的是历史资料，现实正在发生变化的各种因素不在其内，这是其缺点。

单元一　餐饮空间设计概述

一、餐饮空间设计的概念

餐饮空间是食品生产经营行业通过即时加工制作、展示销售等手段，向消费者提供食品和服务的消费场所。

在餐饮空间中人们需要的不仅仅是美味的食品，更需要的是一种使人的身心彻底放松的气氛。餐饮空间的设计强调的是一种文化，是一种人们在满足温饱之后的更高的精神追求。餐饮空间设计既包括了餐厅的选址、餐厅的店面外观及内部空间、色彩与照明、内部陈设及装饰布置等物理环境的设计，也包括影响顾客用餐效果的整体环境和氛围的设计。

二、餐饮业的起源与发展

中国饮食历史导图

1. 中国餐饮业的起源与发展

自秦朝统一货币政策后，产生了以物易物的场所——市集，在市集里可以交换需要的生活用品，也包括食物，由此溯源，餐饮业的产生距今也有四千年的历史了。餐馆在古代的称谓很多，如“旗”“酒家”“客栈”等。

而餐饮业真正普遍流行大概在汉、唐时代，当时是历史上的太平盛世，交通发展迅速，各处通商大邑都设有“客舍”与“亭驿”（元代以后称为“驿站”），方便来往的官宦与客商有个落脚解决食宿的地方，大街小巷到处都可看到肉店、酒店、熟食店。

（1）原始时期：茹毛饮血

人类在与自然的共生中，饮食由原来的茹毛饮血，到通过钻木取火学会了“熟食”，后来出现用泥裹后烧熟食物、用烧红的石头烫熟食物等。

（2）商周时期：钟鸣鼎食

从夏代进入青铜器时代，人们开始用铜制炊具和刀具，食物原料大为扩充并改为小块使用动物油烹制肉类和蔬菜，商周时代“五谷”“六畜”已俱全，用于餐饮的铜、陶、漆器有了突出的发展。豪门贵族吃饭要奏乐击钟，用鼎盛着各种珍贵食物，这就是当时“钟鸣鼎食”的餐饮文化，当时的餐饮文化已成为一种地位的象征。

（3）隋唐时期：宴饮俗舞

隋唐时期，国家统一强盛，生产力迅速发展，饮食文化和烹饪技艺全面发展，这个时期出现了“烧尾宴”等各具特色的“筵席”形式，烹调器物和就餐设施得到了发展和更新，釜、锅、刀、勺等炊具得以发展，各式各样的瓷器出现了。有了高足的桌、椅、几、凳等就餐家具，告别了席地而坐的就餐方式。“筵席”的形式气派、豪华，时有乐师伴奏、歌舞相伴，文化、艺术的交融赋予餐饮文化更深的内涵。

（4）宋代时期：食精脍细

宋代是餐饮业发展的高峰时期，饮食文化日渐繁荣。不少酒楼还以轻歌妙曲助兴，使宴饮的时间延长，增加了娱乐的氛围。美丽的环境、美味的食品融合成为一体的就餐形式，成为宋代饮食文化的特色，成为宋代都市繁荣的象征。

（5）元代时期：多元融合

随着元代军队铁骑的远征，疆域空前广阔、民族空前融合，饮食文化也得到了融合和发展，以蒙古族菜肴为主，兼容了其他一些民族和地区的食品，充满了异域情调。然而，由于长期积淀在各民族文化中的饮食特点和方式仍扎根于各民族人民的心中，因此饮食文化仍因民族而不同。

（6）明代时期：尊生崇理

明代商业比前代有较大的发展，城镇的生活水平和消费方式有了极大的提高，烹饪技艺的精致化和烹饪理论体系、饮食著作日益完备，使中国烹饪技艺和理论著述走向高峰。在讲究美食、美味的同时，还将中国传统的养生之道提高到养德、修身的高度。

（7）清代时期：满汉全席

清代出现了满汉饮食大交流，中国烹饪的极致——“满汉全席”，大礼迎宾、焚香抚琴，原料精中选精，不仅讲究色、香、味，还讲究用餐的环境。

西方饮食历史导图

2. 西方餐饮业的起源与发展

西方的餐饮业起源于古罗马时期，直至现代连锁快餐迅猛发展，其间也有古埃及发展、古希腊传播的作用，详情请参考西方饮食历史导图。

（1）古罗马时期：起源

西方餐饮起源于公元1700年小客栈的出现，这是一种小规模餐饮店铺，是在赫冈兰城的废墟中发现的，足见当时古罗马帝国人民的外食习惯因商旅活动频繁而非常普及。

（2）十六七世纪以后：迅猛发展

但是若论有系统且具规模的经营，则要到十六七世纪以后，店家开始讲究精致烹调，使用较好的餐具招徕顾客，这可溯源到英国于1650年在牛津出现的咖啡屋。

十八世纪末期，由于英国工业革命的影响，使得整个欧洲交通运输事业发达昌盛，火车、轮船等公共运输工具尤其发展快速，更带动了旅游风潮，欧洲各国旅游市场一派繁荣，餐饮业与旅馆业因而发展快速。之后随着商业贸易与观光业的盛行，餐饮业者为迎合顾客需求以壮大竞争力，在质量上开始讲究，并出现桌边服务，大大提升了西洋文化吃的艺术层次。

另外，在美国，由于是英国人早期移民过来的，初时承传了不少欧洲饮食文化色彩，经过南北战争，成立联邦，形成美利坚合众国后，美国本土化的饮食模式才逐渐发展起来，西部拓荒史中的荒野简餐以及牛仔酒吧，就是美国餐食最主要的特色，而麦当劳快餐也是在这种理念下筹创而生，如今风靡全球，男女老少无人不晓，可说是最具代表性的美式餐食文化。

三、餐饮空间的功能与分类

1.餐饮空间的功能

餐饮空间是必不可少的饮食消费场所，相对于其他功能空间来说，其更能营造出多种多样的风格特征。当前人们对餐饮环境的要求已不仅是物质上的，对其精神方面的需求已成为主要需求，它应该能够表达构成餐饮空间形式的风格特征和文化特点。所以，餐饮空间的功能主要有以下几种。

① 用餐的场所。

② 娱乐与休闲的场所。

③ 喜庆的场所。

④ 信息交流的场所。

⑤ 交际的场所。

⑥ 团聚的场所。

⑦ 餐饮文化享受的场所。

2.餐饮空间的分类

餐饮空间按照不同的分类标准可以分成若干类型。首先，餐代表餐厅与餐馆，而饮则包含西式的酒吧与咖啡厅，以及中式的茶室、茶楼等。其次，餐饮空间的分类标准包括经营内容、规模大小及布置类型等。

（1）按照经营内容分类

餐饮空间所涉及的经营内容非常广泛，不同的民族，不同的地域，不同的文化，由于饮食习惯各不相同，其餐饮空间的经营内容也各不相同。从我国目前众多的经营内容中，可以将餐饮空间归纳出以下几种类型：中式餐厅、西式餐厅、宴会厅、快餐厅、风味餐厅、酒吧与咖啡厅、茶室等。

（2）按照空间规模分类

① 小型：指100m^2以内的餐饮空间。这类空间比较简单，主要着重于室内气氛的营造。

② 中型：指100 ～ 500m^2的餐饮空间。这类空间功能比较复杂，除了加强环境气氛的营造之外，还要进行功能分区、流线组织以及一定程度的围合处理。

③ 大型：指500m^2以上的餐饮空间。这类空间应特别注重功能分区和流线组织。

四、餐饮空间设计的趋势

餐饮业体现着各国乃至地方的餐饮文化，人民的生活水平大幅度的提高以及由此带来旅游事业的发展、对外商业贸易的活跃等，使得人们外食的需求也快速增长。除了进一步讲究食物本身的营养成分和味、形、色之外，更应该创造出符合人们生活方式和饮食习惯的餐饮类空间，将餐饮与文化结合起来，使之成为人们享受美食和放松身心的心理场所。

饮食文化已经成为餐饮品牌培育和餐饮企业竞争的核心，现代营养理念、现代科学技术、科学的经营管理等已逐步成为餐饮空间设计的趋势。

1. 健康环保的绿色餐饮空间设计

在消费者越来越追求餐饮潮流的同时，还特别注重健康环保的理念。绿色的餐饮空间包括两个方面的含义。

一是大量采用绿色有机的食材，同时在空间设计中突出环保、安全和可持续发展的主题，为消费者营造健康、天然的用餐环境，提升品牌的社会责任感。如图1-1所示的上海Green&Safe（东平路店），该餐厅坚持所有食材天然无污染，采用开放式厨房和传统农夫市集形式，坚持“从农场到餐桌”的健康理念与精神。

图1-1　上海Green&Safe（东平路店）

二是“返璞归真”，采用地方土特食材，应时、应季、因地制宜。如图1-2所示的某老街茶馆改造（学生作品）——中厅服务台还原再造了老虎灶。空间设计中将“土”味带进餐厅，将后厨搬到前厅，一进门，烙饼的烙饼，拉面的拉面，一锅锅炖肉热气腾腾，香气四溢，让食客好像又回到从前在家乡下馆子的日子，找到在“家”的安心和放松感。

图1-2　某老街茶馆改造效果

2.数字智能化的智慧餐饮空间设计

伴随着互联网化的逐步成熟，智慧餐饮的概念在餐饮这个传统行业开始萌发。“互联网+餐饮”给传统餐饮业带来新的发展契机，餐饮业正从传统服务业向现代服务业转变。如图1-3所示的自助点餐机，用智能代替了一部分人工，不仅节约了成本，而且比人工精准；也可以通过智能提供的数据，来判断消费者的心理，从而很好地调整餐厅的运营规划。

图1-3　麦当劳餐厅门口的自助点餐机

在空间设计中，增加数字化的设备和元素，可以更好地了解消费者的偏好，增强客户的体验性，增加用餐的舒适性。

3.“小而美”的轻餐饮空间设计

“轻餐饮”的概念源于国外，区别于大饭店、火锅店等中国传统重餐饮饭店，指的是与吃相关的茶饮店、咖啡店、茶楼等，无太大噪声或污染，它的核心在于“轻”，而所谓的“轻”，主要是指模式“轻”，它不需要中央厨房，只需要通过简单的机器设备加工就能完成。轻食餐厅最大特点是，店面不大，环境优雅有个性，氛围轻松又舒适，就餐简单又具特点，服务人性化。

轻餐饮的品类越来越多元化，这种虽小却美的餐饮空间（图1-4）吸引了大批年轻人群“打卡拔草”，未来轻餐饮还会继续占据比较热门的位置。

4.连锁经营的品牌化餐饮空间设计

连锁经营是餐饮业的发展趋势，餐饮市场的竞争，必将回归到品牌间的竞争。品牌文化在餐饮空间中的显性设计通常是指在餐饮空间设计中的特定位置中采用代表餐饮企业的标志、标准色、形象代表（吉祥物）、宣传海报等品牌元素，达到最直接的宣传效果，提升品牌的宣传力度。

品牌文化在餐饮空间中的隐性设计是将品牌文化、故事背景等融入顾客的就餐过程中，影响人们对餐饮企业的关注度与兴趣。也可将品牌故事的某一场景或片段应用到空间的布局和设置当中，让顾客的就餐过程与品牌的文化体验、故事结合在一起，增加顾

图 1-4　某仿古街区特色茶馆

客在环境中的互动。如图1-5所示的糖水店，采用舞狮等元素营造浓浓的广式民俗风，该店铺在就餐过程当中的猎奇体验，也会提升餐饮空间的吸引力。

图 1-5　某商场内的糖水店

课后拓展思考

（1）餐饮空间模式的变化与人们的餐饮习惯有什么关系？其中的变化体现了什么含义？

（2）至今为止，餐饮空间的常见功能有哪些？有些什么转变？产生转变的原因是什么？

预习衔接任务

由餐饮空间的发展过程，请思考餐饮空间设计中主要服务对象是什么？如何在设计中体现出来？

单元二　餐饮空间设计的原则和内容

一、餐饮空间设计的原则

1. 坚持顾客导向性原则

在当今的买方市场中，顾客有成千上万的餐厅和服务可以选择，这样，餐厅设计就必须以消费者为中心，为他们提供有着卓越价值的环境与服务才能赢得市场，现代概念的餐饮空间不仅仅是销售食物，而且要善于引导顾客，深谙市场。这就是以顾客为中心或导向的餐饮空间设计原则。

餐饮空间的设计首先应明确市场定位，了解顾客的需求，从最根本上给顾客以关怀。一些餐馆一味地追求豪华材料的堆砌来强调高档，而忽视了市场生态环境的需要。

以麦当劳为例，虽然其他一些餐馆也能制作出美味的汉堡包，但消费者钟爱麦当劳，并不是汉堡包本身，而是一种系统，一种遍及世界的高标准的被麦当劳称为“QSCV”的系统，即质量、服务、卫生和价值，同时诱导出一种崭新的生活方式。麦当劳的所有经营者，包括供应商、特许经销代理商、职员和其他合作者，都能有效地为顾客提供高品质的价值，这使麦当劳成为具有不可替代的价值和地位的西式快餐店（图2-1）。

图 2-1　适应不同需求的麦当劳

2. 注重符合性及适应性原则

充满
设计感的上海
星巴克门店

（1）符合性

餐饮空间的设计是餐厅经营的基础环节，其中包括店铺选址、餐厅外部设计、餐厅内场设计和餐厅装饰设计等，都必须符合餐厅的功能、经营理念，不同等级、规模、经营内容及理念的餐厅，其设计的重点和原则也各有不同。

（2）适应性

餐饮空间设计还应与当地的环境相适应。餐厅的设计一方面要尊重顾客的偏好，另一方面也要考虑当地的环境。设计餐厅时，必须配合餐厅所在地区的环境，掌握周边消费群体的生活情况。

3. 突出方便性、独特性、文化性、灵活性原则

（1）方便性

在餐厅里，产品动线、顾客动线与员工动线紧密联系，无法割舍，而且基本上是在同一时间、同一场所发生的。因此，餐饮空间的方便性指的是对顾客的服务与员工服务、管理者管理的方便。

（2）独特性

餐饮空间设计的特色与个性化是餐厅取胜的重要因素。现在很多餐饮空间设计过分地趋于一致化或追求所谓“网红”，反而缺乏个性和特色设计；或者设计与餐厅运营脱节、主题性雷同，使餐厅的设计平庸盲目；或者盲目堆砌高档装修材料，忽视个性风格塑造和文化特征。以上这些对于餐饮空间设计都是大忌，对整个餐饮业的发展是不利的。

（3）文化性

随着经济的发展、社会文化水平的普遍提高，人们对餐饮消费的文化性的要求也逐步提高，要求餐饮空间强化文化氛围的营造与文化附加值的追加。因此，无论从餐厅建筑外形、室内空间分隔、色彩设计、照明设计乃至陈设品的选用，都应充分展现具有特色的文化氛围，帮助餐饮企业树立形象和品牌。

（4）灵活性

餐厅的经营秘诀在于常变常新，因此，在设计餐厅时应注重灵活性。包括对餐厅的店面、店内布局、色彩、陈设、装饰等，应根据经常性、定期性、季节性以及与菜肴产品更新的同步性、适应性原则进行合适的调整变更，达到常变常新的效果。

4. 多维设计原则

餐饮空间是餐馆业主向顾客提供餐饮产品及服务的立体空间，不仅包括二维、三维的设计，也包括以人为服务对象、创造富有高情感性的思维和意境的四维设计。

（1）二维设计

二维平面设计是整个餐厅设计的基础，它是运用各种空间分割方式来进行平面布

置，包括餐桌或陈列器具的位置、面积及布局，客人通道、员工通道、货物通道的分布等。合理的二维设计是在对供应餐饮产品的种类、数量、服务流程及经营的管理体系及顾客的消费心理、购买习惯以及餐厅本身的形状大小等各种因素进行统筹考虑的基础上形成的量化平面图。根据人流、物流的大小方向、人体学等来确定通道的走向与宽度；根据不同的消费对象，分割不同的消费区域。

（2）三维设计

三维设计即三维立体空间设计，它是现代化餐厅卖场设计的主要内容。三维设计中，针对不同的顾客及餐饮经营产品，运用粗重轻柔不一的材料、恰当合宜的色彩及造型各异的物质设施，对空间界面及柱面进行错落有致的划分组合，创造出一个使顾客从视觉到触觉都感到轻松舒适的用餐空间。

（3）四维设计

四维设计主要突出的是餐饮空间设计的时代性和流动性。餐厅设计需要顺应时代的特点，能随着人们生活水平、风俗习惯、社会状况及文化环境等因素变迁而不断标新立异，时刻走在时代的前沿。同时，餐厅设计还应具有流动性，在空间中运用运动中的物体或形象，不断改变处于静止状态的空间，形成动感景象，打破空间内拘谨呆板的静态格局，活跃空间气氛。餐厅的动态设计可以体现在多个方面，例如美妙的喷泉、顾客的流动，以及旋律优美的背景音乐等。

餐饮空间设计中还要注意餐厅品牌形象设计的具体表现形式，根据餐厅的经营范围和品种、经营特色、建筑结构、环境条件、顾客消费心理、管理模式等因素，确定企业的理念信条或经营主题，并以此为出发点进行相应的空间设计。一般通过导入企业形象，如企业视觉识别系统中的标识、字体、色彩而设计的图画、短语、广告，来实现餐饮空间的四维设计。

二、餐饮空间设计的内容

餐饮空间设计涉及的范围很广，从室内设计行业中对餐饮空间的全案设计的角度来说，包括餐厅的经营分析、选址分析、餐厅外部入口到内场规划、陈设和装饰等完整的空间设计流程。

餐厅设计的基本内容从空间位置上可以划分为外部设计及内场设计，具体内容如下。

1. 餐厅外部设计

① 餐厅选址。

② 餐厅外观造型设计。

③ 餐厅标识设计。

④ 餐厅门面设计。

⑤ 餐厅橱窗设计。

⑥ 店外绿化布置。

2. 餐厅内场设计

① 餐厅室内空间布局动线设计。
② 餐厅服务流程与视觉VI设计。
③ 餐厅主体色彩设计。
④ 餐厅照明和灯具设计。
⑤ 家具的配备、选择和摆放。
⑥ 装饰饰品的选择及铺放。
⑦ 餐具的选择和配备。
⑧ 员工形象及服饰设计。
⑨ 餐厅促销用品设计等。

课后拓展思考

（1）餐饮空间设计的基本原则是什么？如何在设计中体现出来？
（2）餐饮空间设计主要包括什么？

预习衔接任务

由餐饮空间设计的内容思考如何能够吸引顾客的目光并留住其脚步？如何更好地达到目的，传递餐饮空间的设计理念？

单元三　餐饮空间的外观设计

在餐饮市场竞争激烈的时代，要抓住消费者的目光且留住他们的脚步，传递品牌的形象与概念，店铺的外观设计成了主要因素。

一、主招牌的配置设计

1. 主招牌的表现形式

餐饮空间的招牌设计首先要明确店铺的品牌定位、服务的客户群体。不同的定位有不同的招牌设计要求。

追求低调内敛的小型料理店或高级餐厅的招牌可以设计在特殊的部位，用灯光或大面积的玻璃营造氛围。如图3-1所示，料理店门头的装饰灯笼架特点鲜明。

图 3-1　某古街日式料理店门头

知名连锁品牌的餐厅则需要通过醒目的设计或店铺标志降低顾客的距离感，吸引顾客的视线。如图3-2所示，弧形玻璃墙体上大型的logo醒目亮眼，而装饰墙面的logo同样效果明显。

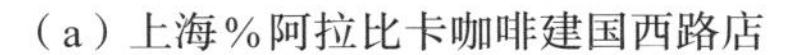

（a）上海%阿拉比卡咖啡建国西路店

（b）上海%阿拉比卡咖啡武康路店

图 3-2　% 阿拉比卡咖啡店

2. 常见主招牌的造型

招牌分为正招、侧招，具体形式由店铺的方位、店铺主要的人流方向等决定（图3-3）。

图 3-3　两面面街的茶楼

二、外立面的设计

餐厅外立面的设计首先要吸引顾客的眼球，让顾客产生兴趣，停下脚步，忍不住进门，最后带来旺盛的客流，创造源源不断的财源。出色的外立面应该包含：品牌名+广告语+核心卖点+品牌形象的独特组合+品牌各种背书（图3-4）。

1.外立面的主题设计

餐厅的外立面是吸引顾客进门的第一道设计，用风格决定门面是最直接的方式。如果能够结合店铺主题，引入故事情节等就更为成功了（图3-5）。

图 3-4　某小型餐馆门头示例

图 3-5 日本大阪街头某关东煮店铺招牌

图 3-6 上海街头某店铺清水混凝土装饰的门头

2.外立面的材质设计

餐厅外立面的材质要以餐饮类型及风格主轴作为设计基准，同时注意采用容易维护并能够保持2～3年效果的材质。

同时，要选用最快速且最有效率的方法表现店铺风格，比如可以在颜色上展现特殊性，或者采用相同或近似的材料以排列或拼接的手法体现设计感（图3-6）。

3.外立面的改造设计

现在有越来越多的餐饮空间都是由老建筑改造而成，使餐厅具有独特的历史特色。如图3-7所示，该店铺由一座三层的法式风情老洋房改建而成。在进行外立面设计时，将老建筑原有的文化特色加以传承，可以得到更好的视觉与味觉回味。如图3-8所示的店铺亦让顾客获得视觉与味觉的良好体验。

图 3-7
上海星巴克思南公馆店“咖啡实验室”概念店铺

图 3-8　前身为纺织工厂的星巴克甄选店铺

课后拓展思考

（1）餐饮空间入口设计的要点是什么？常用的手法有哪些？

（2）现代餐饮空间外观设计的转变有哪些？产生转变的原因是什么？

预习衔接任务

由餐厅的入口设计，考虑进入餐厅内部后需要注意什么？如何展开设计吸引顾客？如何取得内部空间设计与入口门头设计的协调统一？请找到相关案例进行论证。

课后自主复习——茶饮空间设计指导

一、什么是茶饮空间

茶饮空间指的是设有客座的营业性冷、热饮食店。茶饮空间包括以提供单一品类的中式茶为主的传统茶饮空间和售卖咖啡、奶茶等各式现制饮品的新式茶饮“第三空间”。一般茶饮空间都会提供简单的饮品、点心，是以交友、品茶、休憩、观景为主要功能的餐饮场所。由于其功能相对单一，餐食简单，空间动线简单，因此室内装饰设计的可塑性更大。

二、传统茶饮空间设计要点

茶作为“开门七件事”之一，中国的茶文化历史悠久，对于单一品类的茶饮空间设计来说，不仅在于满足饮茶的需要，还要融入更多体现趣味性和时代性的茶文化。

1.茶文化与茶室

茶文化的发展可以概括为“发乎神农，闻于鲁周公，兴于唐而盛于宋”，随着道家、佛家以及儒家等传统文化融入发展，逐渐形成了独具中国特色的茶文化。

茶室的概念始于唐代，盛唐时期茶文化盛行，形成了文人雅士间独特的茶礼、茶艺、茶道，并成为中国传统文化的代表之一。通过科学的茶室空间设计，既保留了茶文化，又营造了独特的室内环境，满足了茶客、友人休息、饮茶的需求，还能够从事和茶相关的文娱活动。

2.传统茶饮空间设计

传统茶饮空间常见的功能区域有服务台、展示厅、茶庭、水池、庭院、长廊、茶室、储物室以及大厅，还可以根据饮茶者的爱好，添加独特的区域，如茶廊、茶亭等。

主要从以下几个方面进行规划设计。

（1）茶饮空间结构设计

茶饮空间的结构设计要体现空间的独特性，如不同区域、不同风俗的茶文化习俗；还可以结合消费者的个性喜好，如有些地区习惯露天环境饮茶，就需要增加茶亭或露天茶廊等结构。

（2）茶饮空间功能设计

茶饮空间的功能设计要结合饮茶特点，茶饮的流程一般包括制茶、煮茶和品茗，为了凸显茶文化精神，还会利用茶艺表演、评弹演艺等增加品茶乐趣。

（3）茶饮空间的交通设计

茶饮空间的交通设计要合理，设计如墙体、隔断、柱等垂直面以及步道、扶梯、地面、顶棚等水平面，尤其要关注无障碍设施等通用设计；要处理好动态的开敞空间与静态的封闭空间的关系，使茶饮空间在具备自然气息与现代力度的同时，还要保持空间的私密性和隔离性，并关注室内外空间的衔接，丰富空间层次，增加空间趣味；还可以用借景或对景的手法进行空间与周围环境的融合和转换。

（4）茶饮空间的服务设计

茶饮空间的服务设计指的是关注主要功能区域的服务空间或附属功能空间，如储存空间、卫生间、茶水间、管理人员办公空间等，以上空间设计的关键在于避免与主要功能空间路线重复冲突，但动线也不能过于繁复，尤其注意不能影响营业空间；茶饮空间的服务设计还要注意与茶饮主体空间风格一致、格调统一。

三、新式茶饮空间设计要点

新式茶饮空间指的是除了提供现制茶饮外，还为消费者营造了一定的有别于家庭和职场的空间，在这种第三空间中用舒适的、有设计感的空间设计，可以去进行社交，建设文化，丰富品牌内涵，在增加他们逗留和消费欲望的同时，可以兼售卖周边环境和文化。

1.“第三空间”的含义

“第三空间”的概念来源于社会学家奥登伯格，指的是人们在第一空间（居住空间）和第二空间（工作空间）以外，可以用以休闲的第三个生活空间，比如健身房、咖啡厅、高端会所、综合商场等。20世纪90年代，星巴克创始人舒尔茨在自己的咖啡店成功打造了“第三空间”的早期雏形，并以此形式迅速风靡，成为全球咖啡连锁龙头。近年来，随着年轻消费群体在社交网络的力量爆发，一批新式茶饮以“网红”的姿态迅速占领茶饮市场。

2.新式茶饮空间设计

新式茶饮空间设计需要以多元视角与理性手段打造富有人文品质的空间环境，在现实与自然、精神与文化的关联中寻找平衡点，创造超出单纯茶饮功能的复合空间。

设计中有两个关注点，一个是茶饮空间基本功能的完善，还有一个是第三空间的打造。

（1）新式茶饮空间室内设计过程

新式茶饮空间室内设计过程包括基本规划、基本设计、实施设计、施工和监督、维护和跟进等。

① 基本规划（空间形象和范围）：基本规划指的是决定设计概念，建立概念性的空间形象，满足功能和美学要求，主要包括店铺外立面设计、室内空间结构，空间功能布局，室内照明规划，主体颜色设计和动线规划，其中要着重考虑空间的开敞性和私密性

的设计。

② 基本设计（设计阶段）：在基本设计阶段，需要将基本规划中涉及的要点应用于设计，从行动角度分析空间消费者及其行为，完成设计方案图。主要包括席位风格和席位布局、室内展示规划、家具设计和照明规划等。

③ 实施设计（总体协调）：在实施设计阶段主要完成施工和最终基本规划的制造所需要的施工图。图纸应包括现场施工所需要的细节，且要求制图规范、明确，例如施工方法、装修、家具的选择与陈设、设备的展示，尤其要完善节点的深化设计，便于后期按图施工。

④ 施工和监督（评估）：在根据设计图进行现场施工的过程中，设计师应该检查客户的详细要求是否得到满足，是否合适地应用了设计，空间内家具的数量和尺寸是否与空间大小适合，以及人流是否得到有效的规划。现场设计应解决现场条件以及实施规划之后内容的变化所产生的问题。

⑤ 开业之后的维护：施工结束并不意味着设计过程结束。设计师在开业之后还需要关注一些维护重点，包括重点设施的检查和修理、内部和外部装饰施工质量等。

（2）第三空间设计要点

茶饮的第三空间作为茶饮空间服务的升级版需要带领消费者获得更好的体验感，更侧重的是提供融合社交、娱乐、消遣的复合型空间，主要特征是来去便利，高度包容，环境特别，有“好玩”的情趣，为人们提供心理上的抚慰和支持，具有较高的话题度。

在设计规划中要注意以下方面。

① 多元功能组合，彰显人文关怀。

茶饮的第三空间规划设计时围绕设计和规划，首先，应对空间序列进行整体构思，灵活地进行功能布置，将各种功能合理融入其中，再配上其他空间要素形成多元混合的综合性场所。

其次，在使用设施上，应坚持以人为本的设计原则，兼顾多方面的需求，将轻松、舒适考虑在内。合理布置休憩设施、导向标识、自助设备等，将便利性最大化。包括：主入口的空间尺度合理，整体功能布局清晰，有必要提供自助设备的位置，室内桌椅家具应结合使用要求根据各年龄段所需要的比例合理分布。

最后，由于空间内的位置环境各不相同，空间的连续性和时间性要求具有序列性，位置可分为靠近空间的出入口地带、中心地带、靠墙地带和临窗地带，以及比较私密隐秘的地带；室内景观中可以适当增加一些人工景观，提高空间的舒适度和话题度。

② 传承历史，顺应文脉。

茶饮“第三空间”所呈现的文化性，来自城市中的文化元素，民族文化、饮食文化、本土文化等，所以对文化也具有一定的反作用，空间设计中增加体现传统文化、传承悠久历史的元素可以让前来休憩的人们体会中国文化修身养性、怡情、仁和之美。

③ 转变思维方式，寻求空间创新。

茶饮“第三空间”的设计应该摒弃以往老套的手段和狭隘的眼光，在生活中寻求设计灵感，转变以往照本宣科的思维方式，营造出人们真正需要的“第三空间”。

尤其需要掌握材料的各种特性和功能，科学、合理、因地制宜地选择和利用材料，从而提高空间环境的品质，创造既舒适美观又安全健康的空间环境。不仅要符合现代城市的发展，也要向城市表达一种开放性、私密性，给人回归本源的归属感。在不同材料的使用上，更需要体现艺术性、科学性和技术性，如木材的纹理和颜色，能够还原生态，给人带来温馨和自然的感觉，让人重新认识传统文化；石材和混凝土墙、抛光的水泥面，显示出厚重的质感，其纹理和色泽充满自然的美；玻璃通透的属性，代表着空间的开放；新时代的金属穿孔板能使空间体现出欲拒还迎的感觉。

CATERING
SPACE
DESIGN

餐饮空间设计

项目二
餐饮空间的主体设计

设计创意需要灵感，但灵感不是凭空想象而来的，它需要有专业的基础知识和设计表达能力，加上长期的知识积累、辛勤的探索以及对艺术设计的敏锐感，需要设计者有广泛的其他学科理论知识水平，还需要对设计对象进行认真、细致分析，始终记住：设计是以人为中心的。

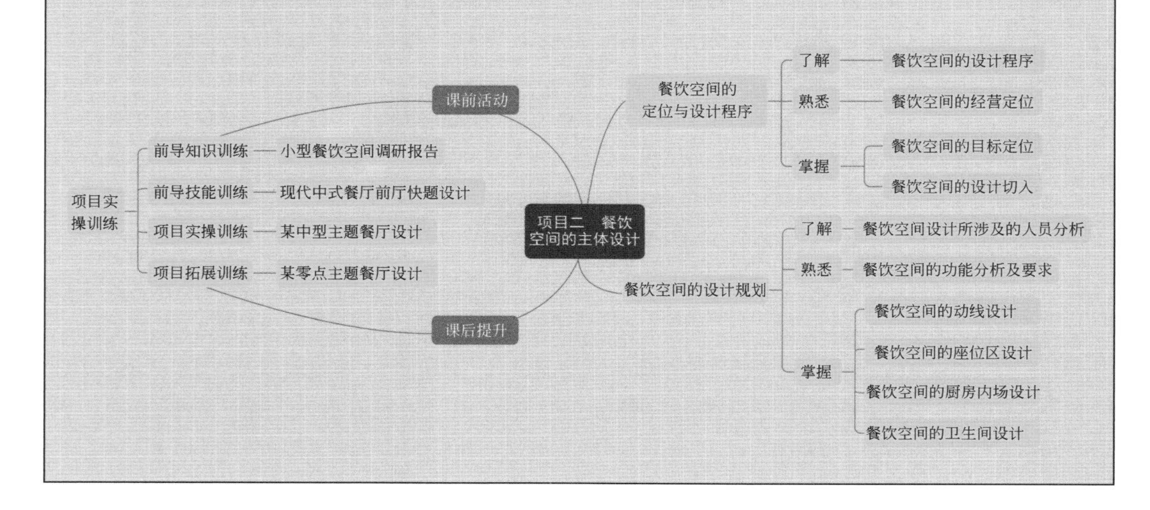

课前自主预习——中、西式餐厅设计指导

一、中式餐厅设计

中式餐厅主要指提供中式菜点，领略我国的饮食文化和民俗的餐饮空间。中式餐厅的设计从整体风格上要充分展示各地不同的民俗风情和独特的饮食文化，体现东西南北的地域文化和民俗差异的精髓。同时，中华饮食文化博大精深，蕴含着中国人认识事物、理解事物的哲理。随着时代的发展，我们的饮食文化又出现了新的时代特色中式餐饮空间的设计，还需要反映饮食活动过程中饮食品质、审美体验、情感活动、社会功能、饮食环境等所包含的独特文化意蕴，体现饮食文化与中华优秀传统文化的密切联系。

1. 中式餐厅设计要点

（1）消费对象和设计风格精准定位

中式餐厅需要明确总体目标消费群体，要结合餐厅经营特点、产品特色以及所处地域文化，不是一味高端或豪华，只有精准定位，方能做好设计。同时，作为中式餐厅，还要注意将中华传统的文化艺术和时尚潮流的元素融合，尤其对于以年轻人为主要消费对象的空间，既能让消费者感受到浓浓的中国传统文化底蕴，又能赋予空间更多生命力。

由于相当一部分中式餐厅还有宴席餐饮的需要，注意相应的礼仪需求，讲究排场并寻求喜庆吉祥的气氛是设计的重点，在空间的视觉效果和装饰风格上应以传统的吉祥喜庆图案和传统色彩为装饰元素，着力渲染喜庆气氛，表达人们向往幸福、长寿、吉祥的愿望，体现出中国的民风民俗。

（2）空间颜色灯光搭配使用

中式餐厅一般采用较为光亮、温暖、舒适的黄色、红色、绿色等偏暖的色调，以此来营造洁净、淡雅的气质，增强人们就餐时的舒适感，增加食欲。也可以选用能够凸显餐厅特点的色彩进行搭配。

餐厅的灯光也要体现一致的色彩感觉，以明亮、柔和、自然为主，要能够充分利用天然光源。灯具色彩的选择偏淡一些，主要是与餐厅的整体装饰风格一致，达到餐厅所需要的目的，最好选择下罩式和组合型的。

吊灯、壁灯、吸顶灯、筒灯，这些都可作为餐厅灯的选择。一般房间的层高若较低，宜选择筒灯或吸顶灯做主光源。如果餐厅空间狭小，餐桌靠墙，那就不必选择吊灯做主光源，可以借助壁灯与筒灯光线的巧妙搭配来满足照明的需要。

（3）家具物品合理选用

中式餐厅的设计，离不开桌、椅、条案、柜子这些基本元素，需要体现精致与实用的原则。

① 餐厅餐台：中式餐厅对餐台的选择相对比较随意，不及西式餐台的严谨，因此，中式餐厅一般都选择正方形或圆形餐台，而且不会一味地追求大，至于高度方面，餐桌高度一般在 70 ～ 75 厘米。

② 餐厅餐椅：中式餐厅的餐椅和其他的装修风格很不相同，除了以功能性为主和与

餐桌的匹配外，对造型也有一定的要求，以契合中国传统文化，一般是以餐桌为主题；餐椅一般高度在45厘米左右，且坐着的时候应该使人略微靠后。因顾客起身坐下动作频繁，因此室内常用“靠背椅”的形式，接近于明清时代流传下来的款式，样式繁多，风格呈现简约与华丽两派，单一靠背或呈梳背，雕刻精致、古朴典雅，适当的弧度符合现代人体工程学，同时省略两旁扶手，更便于活动。

（4）内外立面呼应，突出餐厅文化

中式餐厅空间通过广告、招牌、霓虹灯、立面装修及体型变化等向顾客表达本店的等级、经营特色、菜肴菜系、服务内容等重要信息，使顾客一看即知该餐厅的类型和消费水平，外观的总体形象要与其内部空间的形象相呼应。一些地方特色、文化传统、民族艺术是中式餐厅店面设计时可以有效利用的背景素材，中式餐厅可以通过这些来突出自己的风格和特色，招揽生意并取得顾客的青睐。

2. 中式餐饮空间设计的主要内容及方法

中式餐饮空间的设计定位需要经过全面调查和咨询准备，包括以下内容。

项目客观状况：所在位置、建筑形态、交通情况、商业竞争对手情况、周边均衡关系、客户层、消费能力，以及可利用的客观环境等。

项目立项资讯：餐厅规模、餐厅构成、经营模式、装修预算、业主构想、管理经营理念、开业时间等。

建筑实地现状：现场测定空间高度、空间面积、梁柱尺寸、入口和楼梯形式，以及各种辅助设施，包括水电、消防、空暖的位置、尺度等，通过测绘、摄影、摄像等方式获取设计数据和资料。

设计师对上述收集到的所有信息进行分析研究、融合提炼、去粗取精，明确项目实施的前景和目标，提出针对项目特点、符合项目发展目标的设计构想、设计理念及表现风格。采用模型、图表、草图、文字、简单透视图的形式向业主提交概念设计文件，进行设计思路沟通，以确定设计方向，进行具体的方案设计，扩初设计和深化设计。

二、西式餐厅设计

西式餐厅泛指以品尝国外（主要是欧洲和北美）的饮食、体会异国餐饮情调为目的的餐厅。西式餐厅作为西方饮食文化在国内的体现场所，其设计也需要考虑西方的文化特点，并结合这些文化特点要素来进行设计。常见的西式餐厅主要以法国、意大利风格为代表，但更多的餐厅却不必十分明确具体是哪个国家的风格。西式餐厅与中式餐厅最大的区别是由国家、民族的文化背景造成餐饮方式的不同。欧美的餐饮方式强调就餐时的私密性，一般团体就餐的情况很少，就餐单元常以2～6人为主，餐桌为矩形。西式餐厅的设计除了考虑西式餐饮文化的融入之外，更基础的是为顾客服务，设计出最为便捷的空间布局结构。

1. 西式餐厅的布局原则

（1）满足餐厅的经济利益需求

西式餐厅作为一个独立经营的餐厅，通常需要为顾客提供周到的服务和舒适的用餐环境，在进行餐厅的空间布局时，在满足服务质量和档次要求的前提下尽可能多地去容纳顾客、接待顾客，设计出紧凑而不拥挤的餐厅布局结构。

（2）满足顾客个人的用餐心理需求

受西式餐饮文化影响的顾客对用餐的私密性需求较强，因此在进行西餐厅的布局设计时，需要注意把控好不同区域餐桌之间的距离，避免距离过近而造成干扰，为顾客带来优质舒心的用餐体验。

2.西式餐厅布局设计中的常用数据

（1）规格

根据餐厅的使用面积指标，可将西餐厅划分为两个等级：中高档次（1.5m^2/座以上）和一般档次（1.2m^2/座～1.5m^2/座）。

（2）餐桌

常用的餐桌形式为方桌，一般有两种尺寸，分别为900mm（最常用）和700mm（经济型）；长形餐桌则因具体需求不同尺寸也有所不同，宽度通常为900mm，长度为1300～6000mm。其中，每人边长600mm较为经济，每人边长750mm为舒适型，每人边长900mm则为豪华型；关于圆桌，一般6人桌直径为1200～1300mm，8人桌则通常直径为1300～1500mm。

（3）餐椅

常用的餐椅椅面高度400mm为佳，平面尺寸通常为450mm×450mm。火车座式通常规格为1200～1300mm长，600mm宽，供4人使用。

（4）服务桌

常用的服务桌一般规格为：600～1000mm长，450mm宽，900mm高。

3.西式餐厅的具体布局方法

西餐厅的布局设计应当遵循一般性的原则，同时由于文化差异和用餐习惯的不同，可以适当地将中式用餐文化习惯融入设计之中，如在西餐厅中设置极少量圆形餐桌等，做到西餐厅的本土化设计，同时不失西式餐厅所特有的优雅高贵韵味。

在布局中可以：

① 利用不同餐桌造型样式和规格大小的不同进行灵活组合，合理、充分地利用餐厅室内的空间资源面积。

② 餐座的布置要有规律、有秩序，避免顾客自入口观察时显得凌乱。

③ 餐厅中央位置应当以4人桌为主，私密性更高的2人桌可以布局在角落或者墙柱旁边，充分利用边角空间的同时为顾客提供更高的私密性体验。

④ 可以在靠墙、隔断的位置设置沙发座或者火车厢座等，靠窗位置还可以通过调整餐桌摆放角度的方式将窗外的美丽景色引入室内，为顾客提供一个更为舒适的用餐环境。

4.西式餐厅室内装饰要点

西式餐厅的风格造型来源于欧洲的文化和生活方式，可以对所有的欧式古典建筑的风格造型以及装饰细部进行筛选，选出有用的部分直接应用于餐厅的装饰设计或者筛选出具有代表性的欧式古典建筑的元素应用于餐厅的装饰。

（1）常见的西式餐厅装饰细部

① 线角：欧式线角经常用于餐厅设计中，主要用于顶棚与墙面的转角（阴角线）、墙面与地面的转角（踢脚线），以及顶棚、墙面、柱、柜等的装饰线。装饰线的大小应根据空间的大小、高低来确定。一般来说，空间越高大，相应的装饰线角也较大。

② 柱式：柱式的应用是西式餐厅中的重要装饰手段。无论是独立柱、壁柱，还是为了某种效果而加出来的假柱，一般都采用希腊或罗马柱式进行处理。柱式有圆柱和方柱之分，还有单柱与双柱之别。以往，这些柱式全部采取现制的方法，因此给施工带来一定的难度，而现在各种柱式的柱头、柱身和柱础均可以到一些装饰商店选购，具有很大的灵活性。

③ 拱券：拱券作为古罗马时期建筑的典型要素，在西式餐厅中，经常用于墙面、门洞、窗洞以及柱内的联结。拱券包括尖券、半圆券和平拱券。拱券还可应用于顶棚，结合反射光槽形成受光拱形顶棚。

④ 装饰品与装饰图案：西式餐厅离不开西洋艺术品和装饰图案的点缀与美化。装饰品与装饰图案可以分为以下几类。

雕塑：西式餐厅常用一些雕塑来点缀，根据雕塑的造型风格不同，可以分为古典雕塑与现代雕塑。古典雕塑适用于较为传统的装饰风格，而有的西式餐厅装饰风格较为简洁，可以选择现代感较强的雕塑，这类雕塑常采用夸张、变形、抽象的形式，具有强烈的形式美感。雕塑常结合隔断、壁龛、庭院绿化等设置。

西洋绘画：包括油画与水彩画等。油画与水彩画都是西式餐厅经常选用的艺术品，油画无论大小常配以西式画框，进一步增强西式餐厅的气氛，而水彩画则较少配雕刻精细的西式画框，更多的是简洁的木框与精细的金属框。

工艺品：西式餐厅常将瓷器、银器、家具、灯具以及众多的纯装饰品融入整个餐厅的装饰以及各种用品当中，如银质烛台和餐具、瓷质装饰挂盘和餐具等，而装饰浓烈的家具既可在雅间使用，也可在一些区域作为陈列展示之用，充分发挥其装饰功能。

生活用具：除了艺术品与工艺品之外，一些具有代表性的生活用具也是西式餐厅经常采用的装饰手段，常用生活用具包括水车、飞镶、啤酒桶、舵与绳索等。这些生活用具都反映了西方人的生活与文化。

装饰图案：西式餐厅的传统装饰图案一般结合新艺术运动风格，大量采用植物图案，同时也包含一些西方人崇尚的凶猛的动物图案如狮与鹰等，还有一些与西方人的生活密切相关的动物图案如牛、羊等，他们甚至将牛、羊的头骨作为装饰品。

（2）西式餐厅的照明与灯具

西式餐厅的环境照明要求光线柔和，应避免过强的直射光。就餐单元的照明要求可以与就餐单元的私密性结合起来，使就餐单元的照明略强于环境照明，西式餐厅大量采用一级或多级二次反射光或有磨砂灯罩的漫射光。西式餐厅常用灯具可以分成三类。

① 顶棚常用古典造型的水晶灯、铸铁灯，以及现代风格的金属磨砂灯。

② 墙面经常采用欧洲传统的铸铁灯和简洁的半球形上反射壁灯。

③ 结合绿化池和隔断常设庭院灯或上反射灯。

单元四　餐饮空间的定位与设计程序

为加强餐饮服务场所食品安全管理，餐饮服务场所装修设计中应贯彻国家技术经济政策，规范餐饮服务场所设计中的各功能区域划分，确保安全、卫生、舒适、高效。餐饮服务场所设计应同时符合下列规范。

①《建筑内部装修设计防火规范》（GB 50222—2017）。

②《建筑装饰装修工程质量验收标准》（GB 50210—2018）。

③《建筑照明设计标准》（GB 50034—2013）。

④《民用建筑工程室内环境污染控制标准》（GB 50325—2020）。

⑤《餐饮服务食品安全操作规范》（国家市场监督管理总局公告2018年第12号）。

⑥《饮食建筑设计标准》（JGJ 64—2017）。

⑦《城市公共厕所设计标准》（CJJ 14—2016）。

一、餐饮空间的设计程序

餐饮空间的设计程序（图4-1）如下：第一是调查、了解、分析现场情况和投资数额；第二是进行市场的分析研究，做好顾客消费的定位和经营形式的决策；第三是充分考虑并做好原有建筑、空调设备、消防设备、电气设备、照明灯饰、厨房、燃料、环

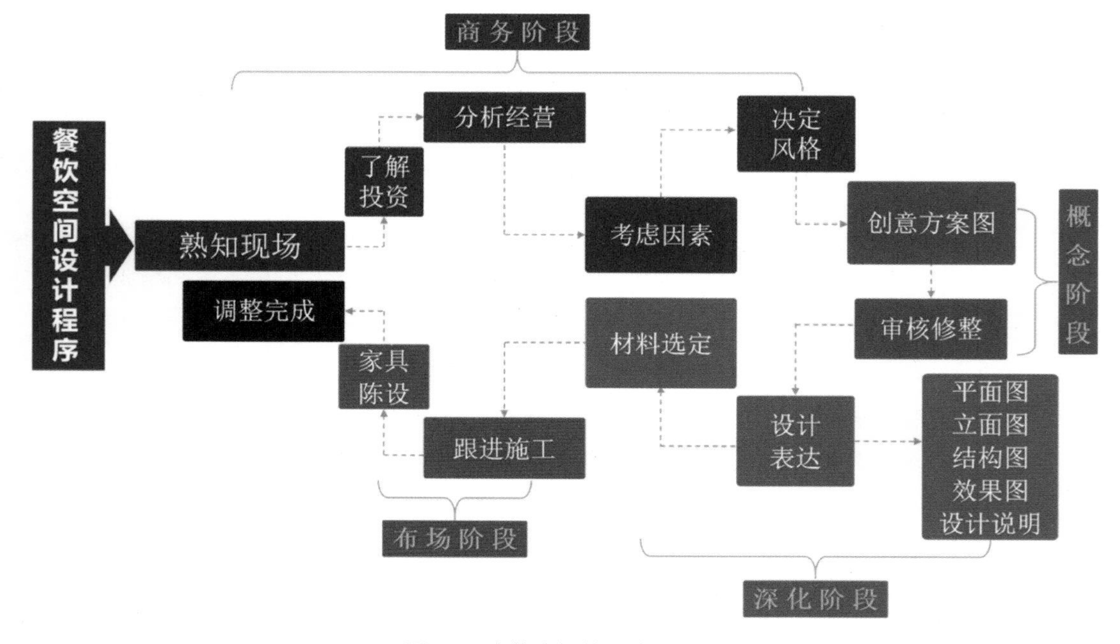

图4-1　餐饮空间的设计程序

保、后勤等因素与餐厅设计的配合；第四是确定主题风格、表现手法和主体施工材料，根据主题定位进行空间的功能布局，并做出创意设计方案效果图和创意预想图；第五是和业主一起会审、修整、定案；第六是进行施工图的扩初设计和图纸的制作，如平面图、天花图、地坪图、灯位图、立面图、剖面图、大样图、轴测图、效果图、五金配件表、灯具灯饰表、详尽的设计说明制作，室内装饰陈列品选购。

二、餐饮空间的经营定位

餐饮空间属商业空间的范畴。作为经营者应从经营的角度出发，清楚地了解市场的现状与需求。作为设计师或设计小组，需要了解其商业运作的规律和预期的市场定位，所经营的餐饮的类型、服务方式、经营理念、所使用的系统等，从客观实际出发，准确地把握用户的需求，表达自己的创意。

1. 目标市场定位

设计者根据经营者的投资规模、经营内容确定，以顾客为中心，对目标市场的容量及餐饮需求的趋势进行分析，确定恰当的规模和比例。

2. 目标消费群分析

目标消费群的数量和心理状态对于餐饮空间设计的成功是至关重要的。目标顾客的家庭收入、年龄分布等数据描述了目标消费群的一些情况。设计者必须调查和分析目标顾客外出就餐时间及频率、就餐时的花费、审美品位、兴趣爱好以及经常光顾的餐厅类型等，以此为依据决定经营的内容和设计的风格。

目标消费群画像是以最为贴近生活的话语将用户的属性、行为与期待联结起来，以便勾画目标用户、联系用户诉求与确立设计方向。用户画像标签建模知识图如图4-2所示。

完成目标消费群的画像后还需要进一步了解餐厅所处周边环境的相关信息。

（1）人口密度

一个地区的人口密度可以用每平方公里的人数或户数来确定。人口密度的分析可以帮助经营者决定经营的规模，人口密度高，规模可相应地扩大。

（2）人口构成

餐厅所处环境的人口构成，将会影响经营的内容及市场定位。如周边环境中既有本地人口，又有外来人口，哪一种人群居多，将决定经营者的经营方向。

（3）家庭状况

餐厅所处环境的家庭构成及状况是影响消费需求的基本因素。研究分析的内容包括人口数量、收入状况等。如每户家庭的平均收入和家庭收入的分配，会明显地影响到经营的品种和方式。

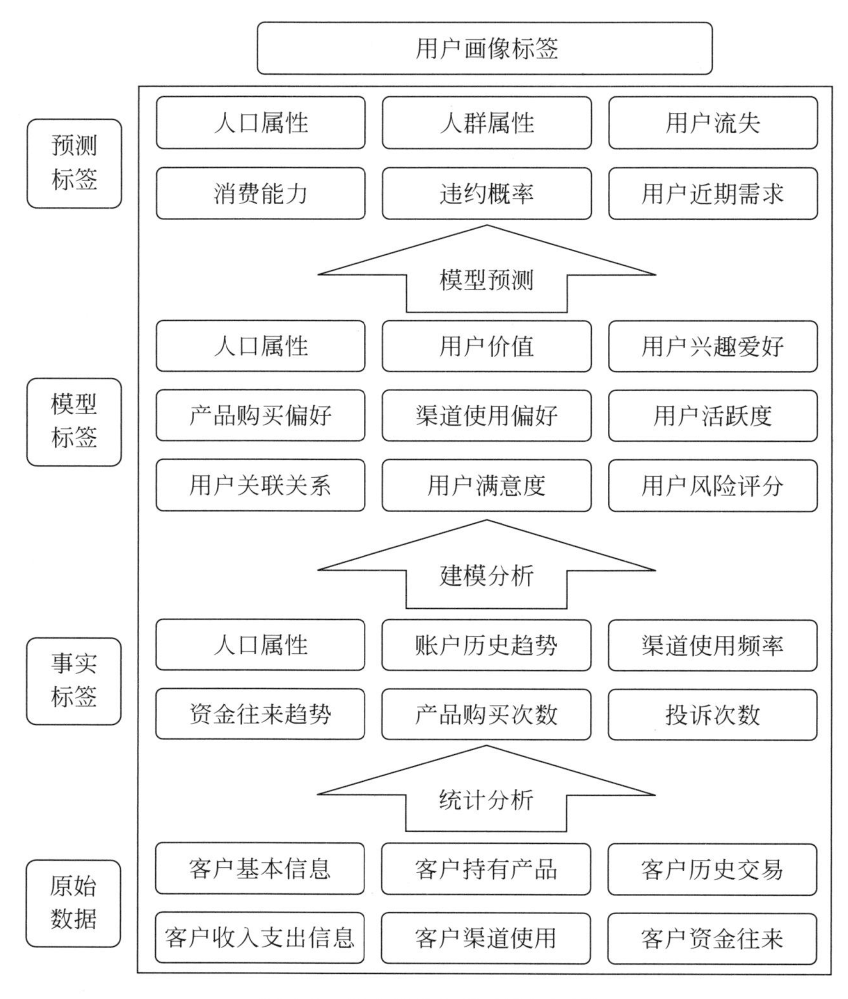

图 4-2　用户画像标签建模知识图

（4）收入水平

所在地区家庭平均收入水平，决定消费者对餐饮的需求，以及对服务质量和档次的要求，平均收入水平高的对空间的档次与品位要求也相对较高，是经营者不可忽视的重要条件。

（5）年龄构成

餐饮空间的装饰风格与此有很大关系。不同的年龄层次对餐饮的空间环境也有不同的需求，也左右着设计师的设计思想及理念，是设计成功的关键。

三、餐饮空间的目标定位

在进行餐饮空间设计时，首先要端正自己的价值观，明确设计是以人为中心的。在顾客和设计者之间的关系中，应以顾客为先，而不是设计者纯粹的“自我表现”。如：

功能、性质、范围、档次、目标，原建筑环境、资金条件以及其他相关因素等，都是我们必须要考虑的问题。设计创意需要灵感，但灵感不是凭空想象而来的，它需要有专业的基础知识和设计表达能力，加上长期的知识积累、辛勤的探索以及对艺术设计的敏锐感，需要设计者有广泛的其他学科理论知识水平，如建筑学、风景园林学、人机工程学、心理学、餐饮学、销售学、美学、社会学、物理学、生态学、色彩学、材料学、营造学、史学、哲学、设计学等众多学科领域的知识，还需要对设计对象进行认真、细致分析，如果目标定位准确了，对整个餐饮空间设计的成功将起到决定性的作用。

四、餐饮空间的设计切入

按照定位的要求，进行系统的、有目的的设计切入，从总体计划、构思、联想、决策、实施方面发挥设计者的创造能力。从空间形象展开构思，确定空间形状、大小、覆盖形式、组合方式与整体环境的关系。利用各种设计资源，从各个角度寻找构思灵感，利用各种技术手段完善设计构思。为了目标定位更趋完美、设计切入更加准确，我们在设计构思方案时必须要与餐厅业主、有关部门的管理人员、施工人员就功能、形式、使用、经济、材料、技术等问题进行讨论，征求意见，采纳他们合理的意见和建议，调整完善设计内容。

课后拓展思考

（1）餐饮空间中目标客户的定位与分析是什么？对后期设计的作用是什么？

（2）餐饮空间设计中如何达到经营者、设计师以及顾客之间的平衡协调？

预习衔接任务

由餐饮空间的经营定位考虑对餐饮空间内部规划的影响，在设计程序中如何体现并满足其中的需求？

单元五　餐饮空间的设计规划

餐饮空间在设计上与一般的室内设计不同，它不单单是经营者或设计师的个人行为，而是具有很多复杂的综合因素的社会行为，是一个需要与各个部门协调配合的综合设计。

餐饮空间主要由餐饮区、厨房区、卫生设施、衣帽间、门厅或休息前厅构成，这些功能区与设施共同构成了完整的餐饮功能空间。为达到预期的效果，餐馆里的各个空间不仅应该考虑到独自的功能，而且应该考虑到各个空间在功能上的整体配合。

一、餐饮空间设计所涉及的人员分析（表 5–1）

表5–1　餐饮空间设计所涉及的人员分析

主要人员	主要工作内容
餐馆经营者	对工程具有最终的财务责任，主导和影响设计师的设计思想和创意
厨师	从实际使用的角度决定厨房的布局和烹饪设备的摆放，保证功能的实现，使设计更加合理并提高工作效率
经理	餐馆经营中的主要管理者，或餐馆经营者的代理人，具有餐馆经营管理的经验，能够从餐馆空间整体的角度来审视设计方案的合理性
食物服务顾问	从食品科学化的角度，将餐厅的内容加以完善，烘托出餐饮文化的气氛
室内设计师	负责餐饮空间的功能布局、气氛的营造以及陈设装饰等设计
建筑师	审核建筑设计图，并负责餐厅内部和各类设施的设计，以及对建筑结构或电力系统的重新规划
总承包人	把建筑师和室内设计师的设计图纸转化为实体，是建筑空间的实际实施人。其工作的质量和费用会极大地影响设计的体现及工程的成功
工程师	餐饮空间的设计中至少应该涉及三个专业的工程师，即结构工程师、机电工程师和电气工程师。结构工程师负责建筑结构的相关问题。机电工程师负责解决与机电相关的问题，从事给排水问题、管道和电梯系统方面的工作。电气工程师负责操作所需的电量和如何最佳地分配电量
灯光设计师	负责解决技术灯光问题以及设计计算机照明系统的程序以营造餐饮空间的氛围
音响、音效人员	控制某一空间的分贝水平，掌握各类建筑材料在减音效果方面的特性，以设计和选择最合适的音响系统
其他专业设计师	包括负责整体CI设计的平面设计师；负责为餐饮空间提供符合其主题要求的画作的画师；负责餐桌桌面的摆放设计的桌面设计师等

二、餐饮空间的功能分析及要求

1. 餐饮功能区

以某中餐厅平面设计方案（图5-1）为例，餐饮空间主要功能包括以下几个部分。

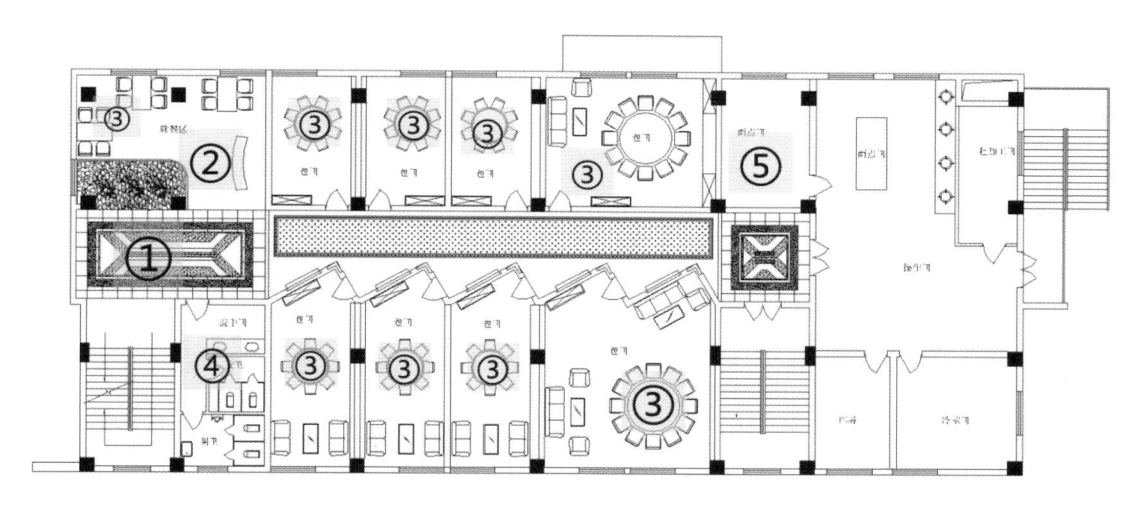

图 5-1　某中餐厅平面设计方案图

（1）门厅和顾客出入口功能区

门厅是独立式餐厅的交通枢纽，是顾客从室外进入餐厅的过渡空间，也是留给顾客第一印象的场所。因此，门厅的装饰一般较为华丽，视觉主立面设店名和店标。根据门厅的大小还可设置迎宾台、顾客休息区、餐厅特色简介等。

（2）接待区和候餐功能区

休息厅是从公共交通部分通向餐厅的过渡空间，主要是迎接顾客到来和供客人等候、休息、候餐的区域。休息厅和餐厅可以用门、玻璃隔断、绿化池或屏风来加以分隔和限定。

（3）用餐功能区

用餐功能区是餐饮空间的主要功能区，是餐饮空间的经营主体区，包括餐厅的室内空间的尺度、功能的分布规划，来往人流的交叉安排，家具的布置使用和环境气氛的舒适等，是设计的重点。用餐功能区分为散客区和团体区，单席为散客，二席以上为团体客。有2～4人/桌、4～6人/桌、6～10人/桌、12～15人/桌。餐桌与餐桌之间、餐桌与餐椅之间要有合理的活动空间。餐厅的面积可根据餐厅的规模与级别综合确定，一般按1.0m^2/座～1.5m^2/座计算。餐厅面积的指标要合理，指标过小，会造成拥挤；指标过大，会造成面积浪费、利用率不高和增大工作人员的劳动强度等。

（4）配套功能区

配套功能区一般是指餐厅营业服务性的配套设施，如卫生间、衣帽间、视听室、书房、娱乐室等非营业性的辅助功能配套设施。餐厅的级别越高，其配套功能就越齐全。有些餐厅还配有康体设施和休闲娱乐设施，如表演舞台、影视厅、游泳池、桌球室、棋牌室等。

卫生间要容易找，卫生间的入口不应靠近餐厅或与餐厅相对，卫生间应宽阔、明亮、干净、卫生、无异味，可用少量的艺术品或古玩点缀，以提高卫生间的环境质量。

衣帽间是供顾客挂衣帽的设施，也是餐馆为客人着想的体现。衣帽间可设置在包房里，占用面积不需要很大。设衣架、衣帽钩、穿衣镜和化妆台等。

视听室、书房、娱乐室为顾客候餐时或用餐后小憩享用。一般设置电视机、音响设备、书台、文房四宝、书报等。

餐厅的空调系统、消防系统、环保系统、燃料供应系统、油烟排放系统、电脑网络系统、音响系统、监控系统、照明系统等设备，也是构成餐厅配套设施的几大要素。

（5）服务功能区

服务功能区也是餐饮空间的主要功能区，具有主要为顾客提供用餐服务和经营管理服务的功能。

备餐间或备餐台是存放备用的酒水、饮料、台布、餐具等的地方，一般设有工作台、餐具柜、冰箱、消毒碗柜、毛巾柜、热水器等。在大厅里的席间增设一些小型的备餐台或活动酒水餐车，供备餐、上菜和酒水、餐具存放之用。

收银台通常设在顾客离席的必经之处，有时单独设置在相对隐蔽的地方。收银台一般是结账、收款之用，设有计算机、账单、电脑收银机、电话及对讲系统等，高度1000 ～ 1100mm为佳。

营业台有接待顾客、安排菜式、协调各功能区关系等用处，设有订座电话、电脑订餐、订餐记录簿。营业台高度一般750 ～ 800mm，宽度700 ～ 800mm，配有顾客座椅和管理人员座椅等。

吧台区供应顾客饮料、茶水、水果、烟、酒等。一般有操作台、冰柜、陈列柜、酒架、杯架等。

服务功能区一般设在大厅显眼位置并靠近服务对象。

2.制作功能区

制作功能区的主要设备有消毒柜、菜板台、冰柜、点心机、抽油烟机、库房货架、开水器、炉具、餐车、餐具等。厨房的面积与营业面积比为3 ： 7左右为佳。一般的制作流程是：①采购进货→②仓库存储→③粗加工→④精加工→⑤烹煮加工→⑥明档加工→⑦上盘包装→⑧备餐间→⑨用餐桌面（图5-2）。

厨房的各加工间应有较好的通风和排气设备。若为单层，可采用气窗自然排风；若厨房位于多层或高层建筑内部，应尽可能地采用机械排风。厨房各加工间的地面均采用耐磨、不渗水、耐腐蚀、防滑和易清洁的材料，并应处理好地面排水问题，同时墙面、工作台、水池等设施的表面均应采用无毒、光滑和易清洁的材料。

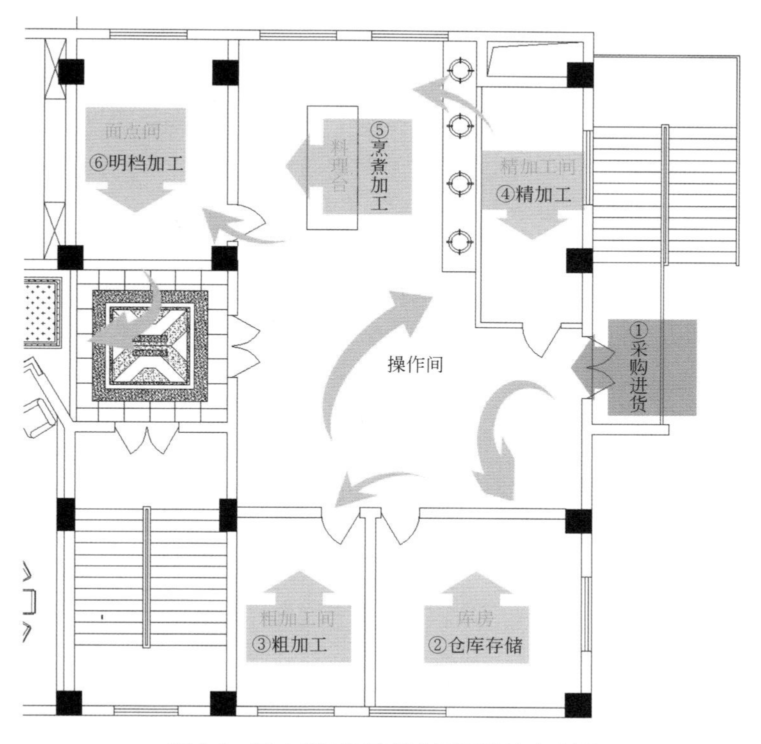

图 5-2　某中餐厅厨房部分平面设计方案图

三、餐饮空间的动线设计

餐饮空间中动线连接着前厅、卡座、包厢等各个不同组成部分，是保证餐厅正常经营运作的动脉，流线的确定不仅能够影响餐饮空间的布局形态，还能体现出空间排列的序列关系（图5-3）。

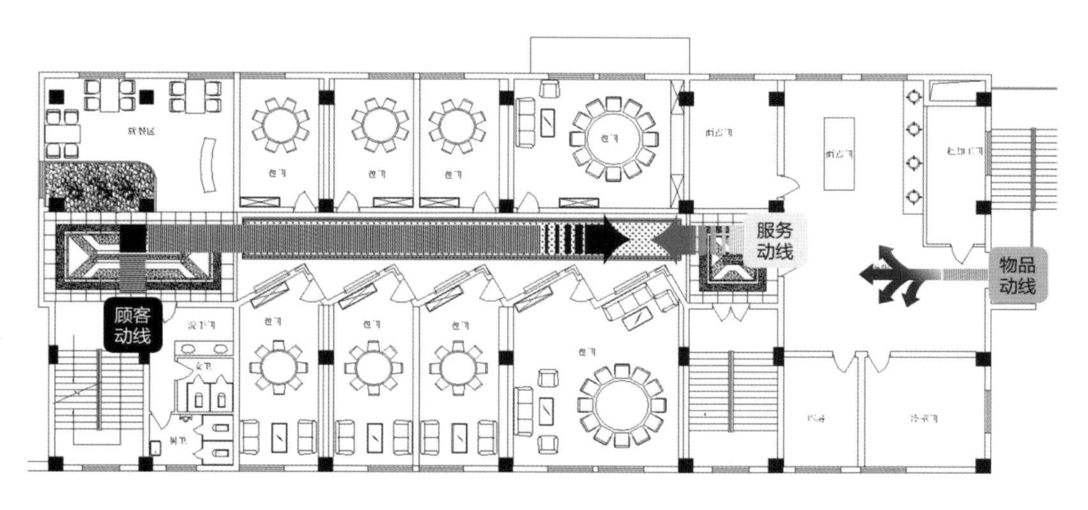

图 5-3　某中餐厅内部动线分析图

1.顾客动线

顾客动线，指餐饮空间中消费者的活动路线，该动线为餐饮空间中的主导动线。对顾客动线的设计，应以“清晰、通畅、便捷、安全”为原则，通过合理的空间划分，同时借助界面材质、图案、色彩、灯光以及明确的导向指示，保证顾客能顺利地到达不同就餐座位，避免由于流线过于曲折而导致消费者产生混乱的感觉，从而影响消费者的情绪。

通过对消费者在餐饮空间中的行为模式的研究，发现科学合理的流线安排，除了能够引导顾客流向之外，还能够通过调整流线宽度来调节顾客流量，如入口门厅、楼梯口、点菜区等空间节点，在顾客消费过程中还扮演着交通枢纽的作用，在设计的时候就应留出适当空间保证功能的使用。

2.服务动线

服务动线设计与餐饮服务流程相匹配，是餐饮空间内部员工为消费者传菜等服务的运作流线。服务动线的设计应以“高效”为原则，合理恰当的服务动线能使员工服务效率以及顾客满意度大大提高。

服务动线设计得不宜过长，宜以直线为主，且每个服务区域应根据需要配置相应的备餐台，以便内部员工在顾客有需求的时候方便快捷地提供服务。另外，还要尽量避免频繁地穿越用餐区域，以免干扰或影响顾客正常进餐。

3.物品动线

物品动线，是指餐饮空间中使用物品的进出以及废弃物品的流出路线，如厨房内服务设施、食品原材料的进入以及垃圾、废旧餐具的清除等。物品动线要尽量与顾客动线及服务动线区分开来，提升服务的品质。例如，厨房原材料通道就需在临近储物空间或者临近厨房区域另辟进出口，这样不仅可以避免影响营业区营业，还可使得内部员工能够在短时间内对原材料进行适当处理，节省人力物力，提高餐厅内部工作效率。

4.动线设计的要点

（1）动线设计宜采用枝状规划

所谓树枝状的动线规划，就是将内部尤其是用餐区的动线分层级做出主次动线。主动线需便于直接通达各区域，各分区内再按照座席形式安排次动线。主动线宽度最好≥1500mm，各区内的次动线宽度一般为1350～1500mm，最小位置一般为600～1200mm。

（2）动线顺畅可提高服务品质及转客率

客人拉椅入座需要走道，服务生上菜摆盘也需要走道，走道是座椅尺寸之外的另一个必须谨慎考虑的空间。动线设计（图5-4）需考虑客人与服务人员之间保持一定距离的路径，减少两者碰撞的概率，尤其是客人与客人之间（A点）、服务人员出菜传菜的出入口（B点）以及洗手间周围的路段（C点）。

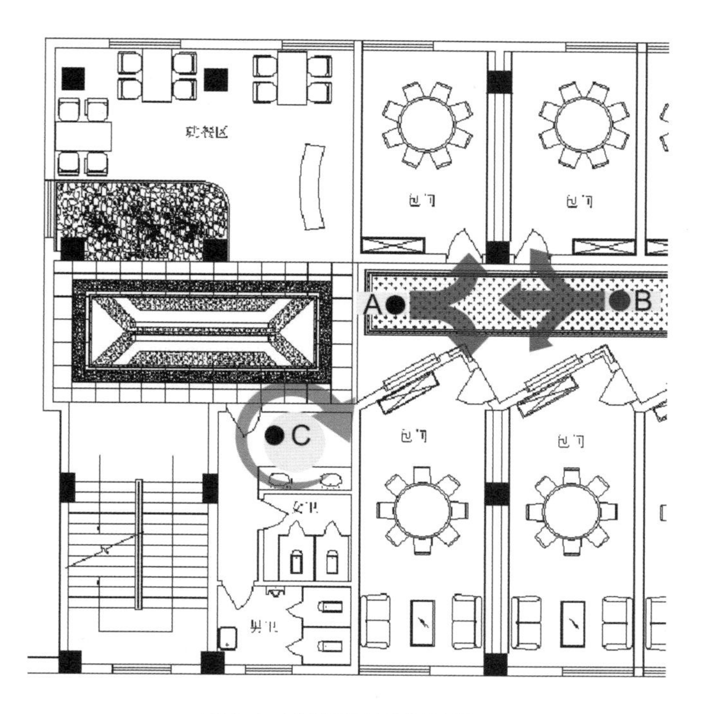

图 5-4　动线设计要点示意图

四、餐饮空间的座位区设计

1.座席区的规划设计

用餐区域每座最小使用面积宜符合表5-2的规定［摘自《饮食建筑设计标准》（JGJ 64—2017）］。

表5-2　用餐区域每座最小使用面积（m^2/座）

分类	餐馆	快餐店	饮品店	食堂
指标	1.3	1.0	1.5	1.0

注：快餐店每座最小使用面积可以根据实际需要适当减少。

餐厅的座席区一般为整体餐厅的50% ～ 70%，包括座椅、走道、柜台或服务台、吧台等，具体应该根据餐厅的种类和服务对象调整座位区。

饭店中的餐厅应大、中、小型相结合，大、中型餐厅餐座总数占总餐座数的70% ～ 80%，小型餐厅占餐座数的20% ～ 30%。影响面积的因素有：饭店的等级、餐厅等级、餐座形式等。

餐厅的面积一般以1.85m^2/座计算，其中中低档餐厅约1.5m^2/座，高档餐厅约2.0m^2/座。指标过小会造成拥挤，指标过大会增加工作人员的劳作活动时间与精力。

在规划座席区时，还要根据主要顾客人群的不同感受要求进行调整。为了提高舒适感，一般成人需要的空间约为1.1m²，儿童为0.74m²。或者也可以根据供餐的形态来设计，比如自助式的餐厅顾客需要进出取餐，需要的用餐空间就要相对大些。

2.座席数的规划设计

餐厅顾客中，人数一般以2～4人较为集中，因此可将2人或4人桌布置在餐厅前端，既可以营造高人气的氛围，也方便服务人员引座。不同类型的餐厅座席数可以参考表5-3。

表5-3　餐厅座席数参考

类型	座席数	示例
常规餐厅	店铺面积（m²）×0.4	如100m²×0.4，约可布置40个座位
宽敞感氛围	店铺面积（m²）×0.3	如100m²×0.3，约可布置30个座位
热闹感氛围	店铺面积（m²）×0.45	如100m²×0.45，约可布置45个座位
高效翻桌率	店铺面积（m²）×0.6	如100m²×0.6，约可布置60个座位

在餐饮空间中，一般将客席按照空间设计的意图划分为若干区，如地面或顶棚的升降，隔断、围栏、绿化、灯、柱等的围隔，将餐饮厅划分为若干个既有分隔，又相互流通的空间，再在每个小空间里布置客席。每个空间的客席布置往往采用不同方式，既增添了空间的趣味性，又为客人提供多种客席的选择（图5-5）。

图5-5　上海星巴克湖滨道店内木质的长吧台以及上方用咖啡豆装瓶做的灯管装置

同时，考虑到人的行为心理需要一定的边界感，因此创造有边界的客席，也是客席平面布局的主要设计原则。除了宴会厅以外，一般都应使每个餐桌在一侧能依托某个边界实体，如窗、墙、隔断、靠背、栏杆、灯柱、花池、水体、绿化等，使客人有安定感和个人空间的庇护感，尽量避免四面临空的客席。

不同的餐饮店其主体顾客组成不同，客席的布置要针对本店的主要顾客组成来设计。例如位于写字楼及商务公司附近的高档餐馆，其客源以商务宴请为主，以应酬交往为目的，餐桌多布置为正餐宴请方式，8～10人桌为主，部分为4～6人桌，并应配以雅座间（1～2桌），以示宴请人对宾客的尊重，并使饮宴气氛不受干扰。而位于购物中心内的餐饮店，多属快餐，顾客以年轻人为主，餐桌布置应以2人桌、4人桌为主，还要设些单人餐桌，使每组客人都有自己的领域感，避免与陌生人同桌共餐，让客人在果腹充饥的同时得到休憩、放松。客人到餐饮店的动机不同，每组客人数会不同，餐桌布置要适应这些需求。餐桌的布置形式还应有灵活性。当每组客人数少时，布置为2人、4人桌，一旦需要又可拼为6人、8人、12人的条桌。

3.座席的人体工程学设计

由住房和城乡建设部发布的行业标准《饮食建筑设计标准》中餐厅与饮食厅的餐桌正向布置时，桌边到桌边（或墙面）的净距应符合下列规定（第4.1.2条）。

① 仅就餐者通行时，桌边到桌边的净距不应小于1.45m；桌边到内墙面的净距不应小于0.90m。

② 有服务员通行时，桌边到桌边的净距不应小于1.80m；桌边到内墙面的净距不应小于1.35m。

③ 有小车通行时，桌边到桌边的净距不应小于2.10m。

④ 餐桌采用其他形式和布置方式时，可参照前款规定并根据实际需要确定。

餐座是人在餐饮店停留期间的主要逗留处，餐座设置除要考虑人的行为心理外，还必须适于人体尺度，只有这样，餐座才是舒适的。餐座的设置直接影响就餐环境的舒适水平，应予以重视。

常见尺寸如图5-6、图5-7所示。

序号	常用家具	常见尺寸
1	餐桌高	750 ～ 790mm
2	餐椅高	450 ～ 500mm
3	圆桌直径	2人500 ～ 800mm 4人900mm 5人1100mm 6人1100 ～ 1250mm 8人1300mm 10人1500mm 12人1800mm
4	方餐桌尺寸	2人700mm × 850mm 4人1350mm × 850mm 8人2250mm × 850mm
5	餐桌转盘直径	700 ～ 800mm
6	餐桌间距	大于500mm（座椅宽度）

图5-6　常见餐桌尺寸

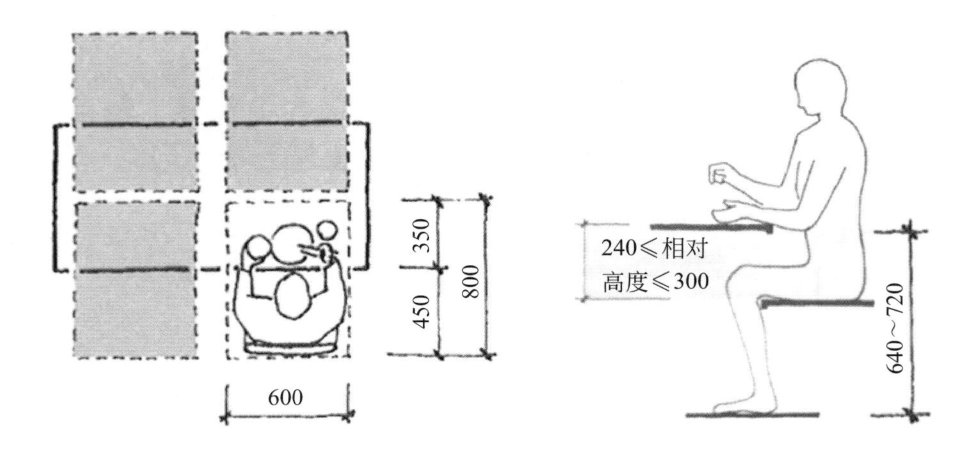

图 5-7　单人相关尺寸（单位：mm）

根据人体尺度，餐座布置主要考虑以下问题：客流通行和服务通道的宽度，餐桌周围空间的大小（图5-8）等。对自助餐厅来说，还要考虑就餐区与自助菜台之间的空间距离。对酒吧座来说，主要考虑售酒柜台与酒柜之间的工作空间、酒吧座间距、酒吧座高度与搁脚的关系、酒吧座与柜台面高度的关系（图5-9）等。

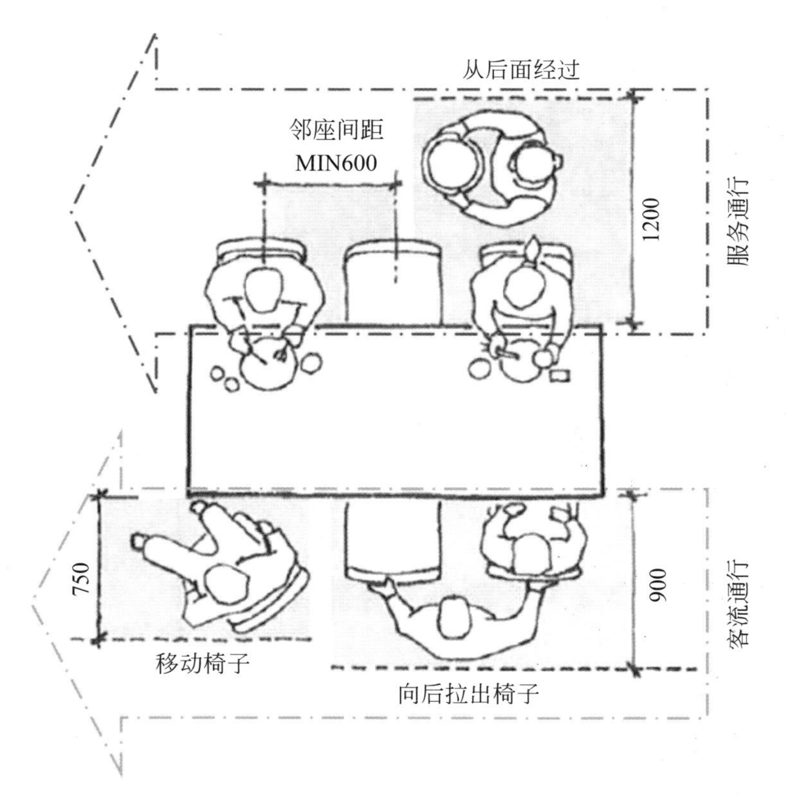

图 5-8　餐厅座席周边相关尺寸（单位：mm）

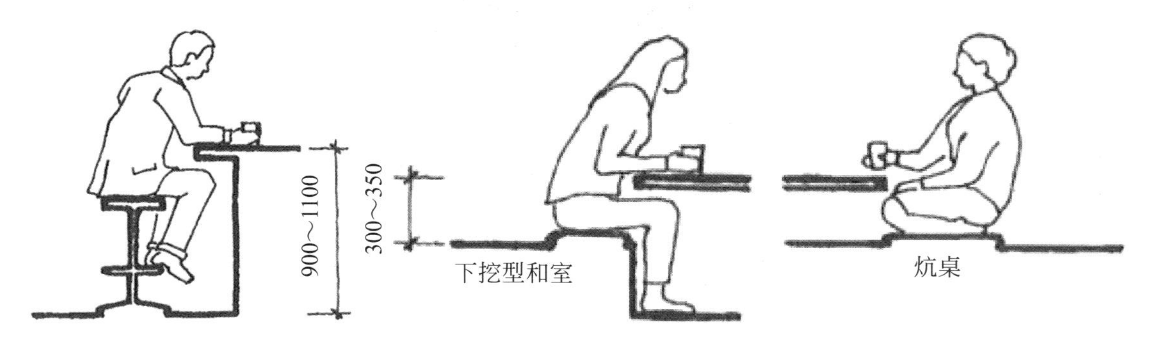

图 5-9　特殊餐桌形式相关尺寸（单位：mm）

五、餐饮空间的厨房内场设计

1. 相关设计规范

由住房和城乡建设部发布的《饮食建筑设计标准》（JGJ 64—2017）中第4.1.4条规定，使用半成品加工的饮食建筑以及单纯经营火锅、烧烤等的餐馆，厨房区域和食品库房面积之和与用餐区域面积之比（表5-4）可根据实际需要确定。

表5-4　厨房区域和食品库房面积之和与用餐区域面积之比

分类	建筑规模	厨房区域和食品库房面积之和与用餐区域面积之比
餐馆	小型	≥1 ∶ 2.0
	中型	≥1 ∶ 2.2
	大型	≥1 ∶ 2.5
	特大型	≥1 ∶ 3.0
快餐店、饮品店	小型	≥1 ∶ 2.5
	中型及中型以上	≥1 ∶ 3.0
食堂	小型	厨房区域和食品库房面积之和不小于30m^2
	中型	厨房区域和食品库房面积之和在30m^{2}的基础上按照服务100人以上每增加1人增加0.3m^2
	大型及特大型	厨房区域和食品库房面积之和在300m^{2}的基础上按服务1000人以上每增加1人增加0.2m^2

2. 厨房设计原则

① 餐厅的厨房设计，要根据餐饮部门的种类、规模、菜谱内容的构成，以及在建筑里的位置状况等条件相应调整设置。

② 厨房作业的流程是采购食品材料→贮藏→预先处理→烹调→配餐→餐厅上菜→回收餐具→洗涤→预备等，要根据作业流程设计动线。

③ 厨房地面要平坦、防滑，而且要容易清扫。地坪留有1.5%～2%的排水坡度和

足够的排水沟。

④ 地面采用瓷质地砖，墙面装饰材料可以使用瓷砖和不锈钢板。为了清洗方便，厨房最好使用不锈钢材料。厨房顶棚上要安装专用排气罩、防潮防雾灯、通风管道以及吊柜等。一般根据客人座席数量决定餐厅和厨房的大概面积，厨房面积大致是餐厅面积的30% ～ 40%。

⑤ 室内选用良好的通风和排烟设备，降低空气污染，避免厨房气味影响用餐区。同时还需要设计补风系统，加强空气流通。

3.厨房设计要点

（1）厨房设备配置优先考虑炉具设备位置

由于炉具设备会产生高温，因此首先要考虑其位置（图5-10），接着考虑洗涤区位置，按照厨房行动模式合理规划。

① 洗涤区建议设置在入口附近，工作台应靠近炉具和冰箱。

② 厨房多设置2 ～ 3个水槽，分别为洗碗、备料以及烹调。

③ 按照餐厅种类选择适用的炉具设备，设备的数量依据桌数、出餐数、主打菜色以及厨房面积等因素决定。

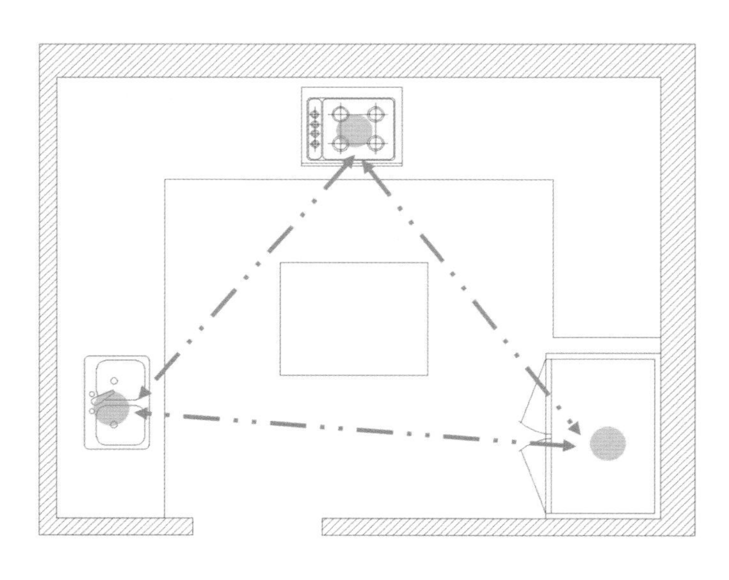

图 5-10　厨房炉具位置规划示意图

（2）作业动线设计以顺畅为主

厨房位置的安排首先要考虑外场人员作业动线是否顺畅，客人出入口与出菜、回收碗盘动线尽量错开，避免重叠。

常见厨房类型如下。

① 二字型厨房（图5-11）。这是最常见的厨房作业区布局形式，靠墙端配置相应水电管线，另一端为备料区及工作台。

② U字型厨房（图5-12）。属于“二字型”厨房的变形。根据餐厅餐点的复杂程度以及工作人员增多，或者顺应建筑产生变化，靠墙端配置相应水电管线，另一端为备料区及工作台。

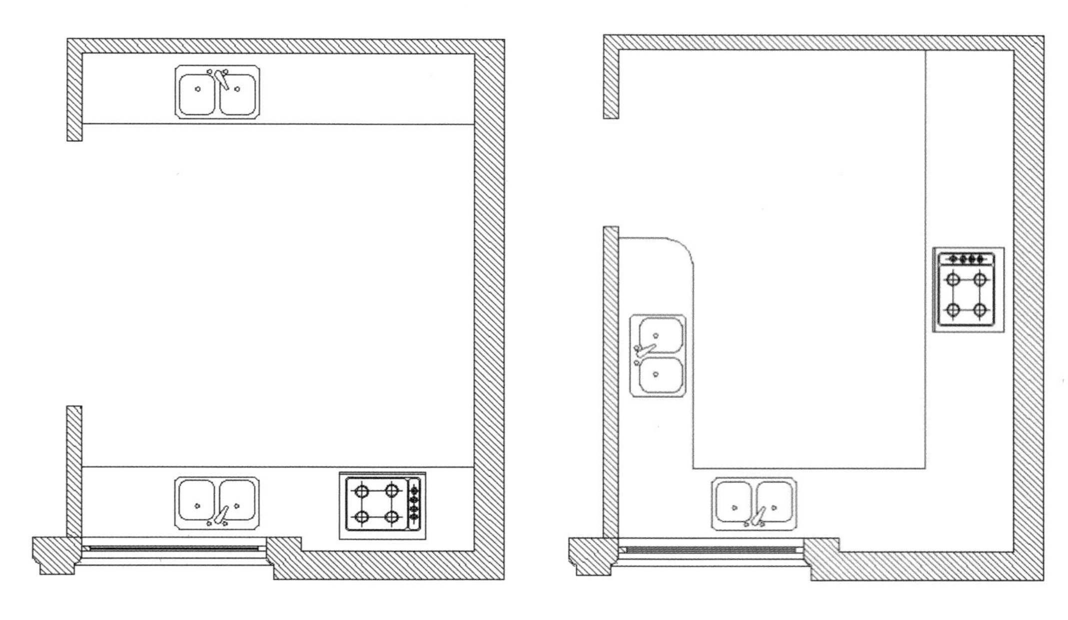

图5-11　二字型厨房　　　　图5-12　U字型厨房

③ 中岛型厨房（图5-13）。现代餐厅的厨房多参考法式厨房的动线布局，也就是中岛型配置，中间是岛型工作区，火源与洗碗区分别配置两旁。水槽是重要的工作点，必须规划在冰箱和炉具附近，方便拿取食材。

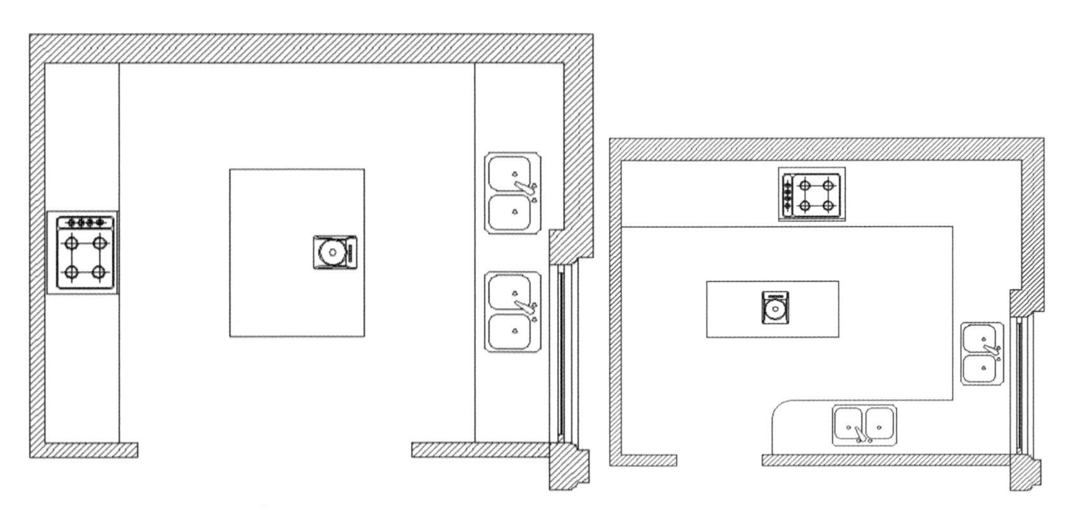

图5-13　中岛型厨房

（3）厨房内部尺寸符合人体工学

走道动线设计要考虑主要的出菜通道、推车或搬运货物的情况（图5-14）。

① 一人通行走道需750 ～ 900mm；两人交错走道需1500 ～ 1800mm；炉具与工作台间走道750 ～ 900mm，便于厨师操作并避免别人通过。

② 工作台靠墙时，需≥750mm深度；若不靠墙，两人同时操作时，需≥900mm深度。

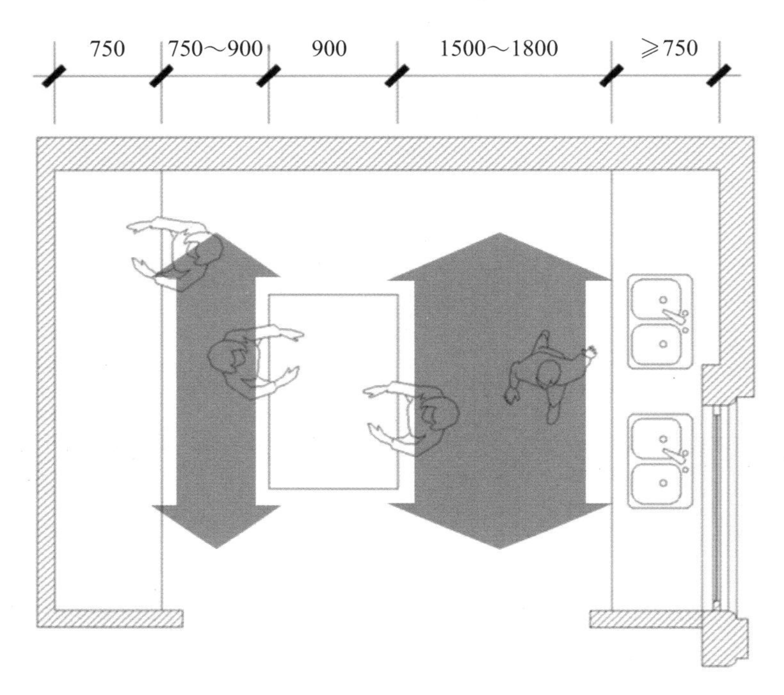

图5-14 厨房内部人通行走道设计尺寸

六、餐饮空间的卫生间设计

1.相关设计规范

《饮食建筑设计标准》（JGJ 64—2017）第4.2.5条规定，就餐者专用的洗手设施和厕所应符合下列规定。

① 公共卫生间宜设置前室，卫生间的门不宜直接开向用餐区域，卫生洁具应采用水冲式。

② 卫生间宜利用天然采光和自然通风，并应设置机械排风设施。

③ 未单独设置卫生间的用餐区域应设置洗手设施，并宜设儿童用洗手设施。

④ 卫生设施数量的确定应符合现行行业标准《城市公共厕所设计标准》（CJJ 14—2016）对餐饮类功能区域公共卫生间设施数量的规定及现行国家标准《无障碍设计规范》（GB 50763—2012）的相关规定。其中，饭馆、咖啡店、小吃店和快餐店等餐饮场所公共厕所厕位数详见《城市公共厕所设计标准》（CJJ 14—2016）第4.2.3的规定（表5-5）。

表5-5 饭馆、咖啡店等餐饮场所公共厕所厕位数

设施	男	女
厕位	50座位以下至少设1个；100座位以下设2个；超过100座位每增加100座位增设1个	50座位以下设2个；100座位以下设3个；超过100座位每增加65座位增设1个

注：按男女如厕人数相当时考虑。

⑤ 有条件的卫生间宜提供为婴儿更换尿布的设施。

2.卫生间设计的布局

（1）一般情况下，独立经营的餐厅无论其规模大小都应该设置卫生间

按照餐饮建筑设计规范的要求，厨房附近需要设置服务人员专用卫生间，不能与顾客合用。因而，在规划餐饮空间的功能分区时，要适当扩大后厨功能区的面积，提前预留内部卫生间的位置，避免共用卫生间现象的发生。服务人员使用洗手间的位置应位于后厨区域较隐蔽的地方，而顾客使用卫生间时应靠近就餐区并有所分隔。

（2）卫生间的出入口位置要相对隐蔽但又标识明确

卫生间的出入口应避免与备餐间的出入口靠得太近，以免与主要服务流动线交叉，影响服务效率和品质。

位置要相对隐蔽，避免就餐的顾客直接看到，影响就餐心情，可以考虑设在靠近餐饮区的边角部位或隐蔽部位；还要使位置明确，或通过完善易于辨识的标识方法来定位洗手间便于顾客寻找。

室内标识的设计可以采用图案、文字或图案与文字相结合的方式，但总体上要遵循指示明确、醒目美观的原则，还要与餐厅的就餐环境相一致，突出个性化的特点。

（3）男女卫生间内部配置要合理适用

一般客席在100人左右的店，在男洗手间配个蹲便器和一个小便器，而在女洗手间则需配两个蹲便器再加化妆区，洗手池和化妆区上方可安装质地较好的镜子，确保无失真现象，并且考虑将洗手盆单独设置在卫生间外，使顾客洗手更方便，洗手盆前应留有足够的空间，不要与卫生间出入口靠得太近，以免在此交通拥挤。

此外，餐厅卫生间设计时有条件的可设置母婴、老年人、残疾人专用厕位或专用卫生间等无障碍设施，方便特殊人群使用。

3.卫生间设计的要点

① 符合《城市公共厕所设计标准》（CJJ 14—2016）等标准规范。

② 卫生间的用材、色彩、灯光、陈设等方面也不容忽视，其地面用材一般采用防滑材料较多，洗手台面用易清洁的装饰材料，瓷砖、乙烯基面以及其他一些既实用又美观的材料，室内具备照明、通风设备以及防蚊蝇、防老鼠等设施。干净整洁的洗手间可使顾客感到舒服，同时又为清洁人员降低了工作量。

③ 厕所应采用冲水式。所有水龙头不宜采用手动式开关。应采用节水、节电、除臭等有利于节约资源、保护环境的技术和设备，具备温度调节装置（空调或其他供暖供

冷设备)、自动洗手设备、干手设备(烘手器或提供纸巾)、洗手液、面镜和除臭设备等设施。

④ 小便厕位可设置隔断板，大便厕位应设置隔断板和门，具备挂衣钩、手纸架、废纸容器等设施，门锁应能显示有(无)人上厕。

⑤ 悬挂或粘贴“禁止室内吸烟”等公益标识，有条件的可悬挂或粘贴艺术装饰画，并摆放相关艺术品、绿植和花卉，开放时间内播放背景音乐。可在公共卫生间内部增设LED显示屏，实时显示厕所使用情况，提供无线网络、路线查询、活动宣传等服务，延伸卫生间功能。

课后拓展思考

(1)什么是餐饮空间的主体设计？主要包括什么？具体流程是什么？

(2)餐饮空间设计的主要对象是什么？如何满足需求？如何体现差异性？

预习衔接任务

完成餐饮空间的主体设计后还有什么工作？餐饮空间主体设计前后的衔接是怎样的？请找到相关案例进行论证。

课后自主复习——特色餐饮空间设计指导

一、常见的特色餐饮空间

特色餐厅是指以一个或多个特色为吸引标志的饮食场所。在设计的过程中，针对不同的人群，做出不同定位的餐饮空间；同时深度挖掘文化内涵，形成其独特魅力；再通过材料的处理、光照的方式、色彩的使用等的综合运用，呈现出更加丰富、更具特色的餐饮空间。

随着信息网络及传媒影响的扩大，加入文化主题的风格化、个性化的餐饮空间必将成为主流，结合所处的时代特征、人文环境、自然环境、经济、针对的人群等因素，再通过设计的手法来更加突出想表达的主题特色。

1.以特定的环境为特色

特定环境指的是特定的自然风光的融入或特定的某种主题环境。在确定环境特色时，可以结合餐饮空间所处的地理位置，如临江、海、湖，或人、车等川流不息的现代都市，朴实的乡村等，将这些特殊的位置作为设计的特色，或者作为独立的景观进行使用和欣赏，如“森林餐厅”“海底餐厅”等；也可运用高科技手段，营造新奇刺激的用餐环境，满足年轻人猎奇和追求刺激欲望的“科幻餐厅”“太空餐厅”等。

2.以特定的人物关系为特色

抓住某些特定人群的心理，以某种特殊的人情关系为主题，渲染特殊的餐饮气氛。如具有相同生活背景的知青餐厅等；如具有共同的兴趣爱好或志同道合的“球迷餐厅”“电影餐厅”等；如具有怀旧情结，喜欢某个特定时期、特定时代文化的“老上海餐厅”等；如注重文化内涵，喜欢某种特定文化的“红楼餐厅”等。

3.以特定的地域文化为特色

此类餐厅的风格非常鲜明，体现各地的民俗民风，带有强烈的地域特色和乡土气息。一个地方特色的展现就是通过与众不同的异地色彩和当地的风土人情反映出来的。利用这些地方符号，再与地域文化联系起来，可以使餐饮空间更有特色，更符合这一地方的特色气氛，同时配合地方口味的食品，会给人们以美食文化、地域文化，从而更好地发展民族文化。这样的主题表现就更加明朗，对顾客也更有吸引力，记忆也会非常深刻，而且更加突出现代社会的大时代背景下，对地域文化的尊重，对民俗民风的传承。常见的特色餐饮空间如下。

（1）中式餐饮空间

虽然中国风风靡全球，但在进行空间设计时要对东方古典元素进行分析与抽象化处理，同时融入现代设计理念，使餐厅能够拥有独特的东方气质，又不失现代生活的优雅。

空间与布局：中式餐厅设计的平面布局一般可分为两种类型，以宫廷、皇家建筑空间为代表的对称式布局和以江南园林为代表的自由与规则式相结合的布局。空间中的层次多用隔窗、屏风来分割，重视流线设计，重视保护顾客的隐私，结合当地的人文景观，创造富有地方特色的就餐环境。

软装元素：中式家具、宫灯、花板、国画、中国结、书法、古玩、瓷器。

（2）泰式餐饮空间

泰国属于亚热带地区，用鲜艳的色彩装饰环境是一贯作风，餐厅风格浓烈，灵感主要来自热带自然之美和浓郁的民族特色。

空间与布局：泰式餐厅最为突出的设计特点就是用色大胆，采用纯天然的藤条、竹子、石头等材料来进行装饰，凸显一种纯朴自然之美。

软装元素：泰式神龛、鸟笼、大象、兰纳旗等，以棕色、黑色、绿红与黄色、金色与银色等为主色调。

（3）日式餐饮空间

日式餐厅的饮食环境追求朴素、安静、舒适的空间气氛，室内装饰风格强调空间与自然的平衡、文化与精神的统一。

空间与布局：日式餐饮空间一般比较低矮，将自然界的材质大量运用于居室的装修、装饰中，不推崇豪华奢侈、金碧辉煌，以淡雅节制、深邃禅意为境界，重视实际功能，秉持创造空灵、简朴意境的艺术原则。

软装元素：木与竹、自然元素、茶道、花道、招财猫、日本暖帘、浮世绘日式家具，色彩追求自然。

（4）法式餐饮空间

法式餐厅一贯是浪漫而隽永的，法式大餐充满艺术情调。

空间与布局：法式餐厅设计以宏伟、豪华见长，华丽和迷人是法国餐厅设计最大的特点。要达到法式风格中的奢华贵族气质，就必须要注重整体格调的气势感，整体的线条要突出一种对称性，装修以纤巧、精美、浮华、烦琐为主，讲究与自然的和谐。

软装元素：考究的法式家具，雍容、华丽、浪漫的布艺、花艺，以白、金、深木色为主色调。

（5）英式餐饮空间

在英国，庄严古朴的建筑、高雅的饮食文化和经典美味的菜肴甜点，构成完美的体验。

空间与布局：英式的餐饮空间强调门廊的装饰性，比较“讲究门面”，布局强调园林效果，追求自然、优美的空间。

软装元素：英伦风格家具、手工布艺、银器、泰迪熊、米字旗、雨伞。

（6）美式餐饮空间

美国是全球最大的文化熔炉，这个文化熔炉孕育出了兼容并蓄的美式餐饮空间风格。

空间与布局：美式餐饮空间风格沉稳、大气，偏重棕红、蓝、白等的色调配色线，线板造型是经典元素之一，通过简单的线板轻描，就能产生美式古典的韵味。经典的格状玻璃门窗，更让空间多了分优雅的轻透感，壁炉也是不可缺少的元素。

软装元素：质感坚实的复古家具、自然舒适的布艺、地毯、植物与花卉元素、装饰画点缀空间、牛仔元素。

（7）意大利餐饮空间

意大利餐厅蕴含了深厚的“饮食文化”底蕴，在世界上很有名气。

空间与布局：意大利餐饮空间风格充分发挥柱式体系优势，将柱式与穹窿、拱门、墙界面有机地结合，体现出朴素、明朗、和谐的新室内风格。很多意大利建筑采用中心庭院式的布局，和室内花园藤蔓成荫的空间形成了悠闲的休息区域，再配合外部的橄榄树林，这样的设计是极其美妙的方案。

软装元素：奢华、高端的家具，自然主义的色彩，时尚装饰品。

（8）西班牙餐饮空间

阳光、美食和充满乐趣是西班牙极具吸引力的特色文化之一。西班牙餐厅空间体现了热情的海洋气息，绚丽的色彩、特色的挂件、各类点缀图案，都是西班牙餐厅内经常可以看到的。

空间与布局：西班牙餐饮空间设计充满着感性和艺术气质，在满足基本使用功能的同时，更具有观赏性，“赋予设计以情怀”，是西班牙餐饮空间设计的最大特质。红瓦、庭院与拱门的建筑符号，简洁阳光，富有灵气，浅色调墙面、彩色玻璃拼花窗，自然的材质，与阳光、绿植、鲜花完美呼应。

软装元素：西班牙家具、自然奔放的色彩、缎织布品、手工装饰物、斗牛文化元素、裙摆式烟道。

二、特色餐饮空间设计要点

特色餐饮空间设计在满足餐厅基本功能的前提下要追求更高的美学与艺术价值，要综合考虑各种空间的适度性和各个空间组织的合理性，形成完整而灵活的特色空间。空间规划设计时要求如下。

（1）主空间

主空间包括顾客用空间，即顾客餐位，是为顾客服务、方便他们吃饭的空间；管理用的空间，包括入口、办公室、服务员休息室、仓库等；餐饮服务空间，指的是主厨料理区、辅食料理区、冷藏室等；公用空间，如等候区、过道、厕所等。主空间的设计要注意各个空间区域的特殊性，以及顾客和员工之间移动路线的简捷性，还应注意防火等安全安排，使各个空间面积与建筑合理结合，高效率地利用空间。

（2）设备配置

特色餐厅的设计除了要对店内空间做最经济有效的利用，还要考虑店内餐饮设备的合理配置。餐饮设备包括进餐设备，如餐桌、餐椅等，在空间配置中要根据餐厅的面积、餐厅的经营模式合理安排餐桌椅大小和形式。现代生活中，以2～4人的小桌为主，桌位一般采用划一的方桌或矩形桌，个别也会采用圆形桌，要求可以因餐厅实际情况灵活调整。

餐桌的大小会影响餐厅的容量和餐具的摆放，因此，在确定桌子大小时，要考虑是否与餐厅面积和餐盘大小匹配、顾客使用是否方便、服务员的工作是否方便等。座椅在有柱子或转角的地方，可以单面靠墙做三人座，也可以面对面或并排放置。

特色餐厅的设计中，光线系统是非常重要的组成部分，也是决定餐厅的情调、形成餐厅气氛的关键因素之一。餐厅使用的光线种类有很多，如烛光、白炽光等，不同的光线有不同的作用。

烛光是餐厅传统的光线，这种光线的红色焰光使顾客和食物显得漂亮，比较适用于朋友集会、恋人会餐、生日聚会等；白炽光也是餐厅使用的一种重要光线，这种光最容易控制，食物在这种光线下看上去最自然，而调暗光线，能够增加顾客的舒适感，从而能够延长顾客的逗留时间；荧光是餐厅使用最多的光线，这种光线经济大方，但缺乏美感，荧光中蓝色和绿色强于红色和橙色而居于主导地位，从而使人的皮肤显得苍白，食物呈现灰色。

此外，不论光线的种类如何，光线的强度对顾客就餐时也有影响：昏暗的光线会增加顾客的就餐时间，而明亮的光线则会减少顾客的就餐时间。

色彩也是光线设计时应该考虑的另一因素。彩色的光线会影响人的面部和衣着，红色光对家具、设施和绝大多数食物都是有积极作用的，绿色和蓝色光通常不适合照射顾客，桃红色、乳白光等可以增加热情友好的气氛。

音响设备对空间主题营造也有较大作用。除了让顾客在就餐时欣赏到音乐，还可以用不同的音乐节奏或旋律控制顾客的停留时间。

CATERING
SPACE
DESIGN

餐饮空间设计

项目三
餐饮空间的升华设计

国内餐饮业的迅猛发展使餐饮空间设计向多元化转变，也促进了餐饮业的进步。风格主题是餐饮空间设计的灵魂，是设计定位和设计内容表现的第一要素，风格化、个性化的餐饮空间必将成为主流。当代设计师对文化艺术的理解和个人全面素养的提高，是推动餐饮空间设计的必要历程。无论空间的“形”如何变化，“神”一定要融会贯通，在就餐环境中让人们得到愉悦，带给人们一种文化和精神上的引导。

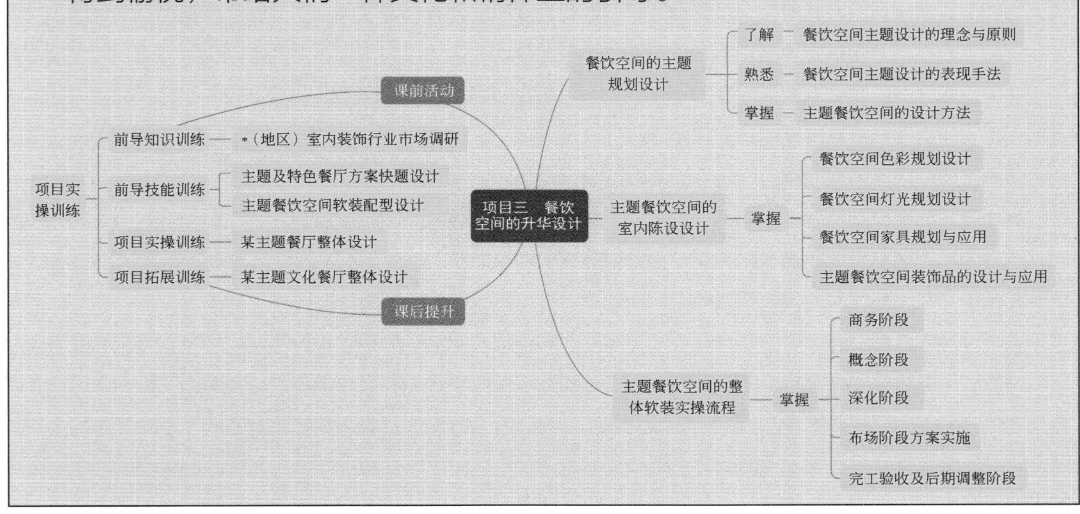

课前自主预习——关于FF&E

一、了解 FF&E 的原因及什么是 FF&E

FF&E英文全称为Furniture，Fixtures & Equipment，就是家具、固件和设备，它并不是单指软装饰或艺术品设计，是一个综合而系统的设计过程。它是从酒店室内设计中发展而来的。FF&E是体现一个室内设计公司专业度和国际化程度的硬核标准。

1. FF&E的设计范畴

FF&E的设计范畴不仅包含字面定义上的家具、固件和设备（一般包含活动家具、装饰灯具、窗帘、地毯、艺术品、绿枝花艺、洁具、五金、开关面板等），还包含室内空间的硬装饰面材料。

总之，我们的眼睛和身体能触碰到的色彩、材质，以及可移动的所有内容都涵盖在FF&E范畴内。这些内容直接影响人的“五感”体验和审美情趣。

虽然和我们常说的“软装”内容很接近，但是FF&E并不仅仅指软装。“软装”是不包含洁具、五金、开关面板的，而硬装饰面材料就理所应当由硬装设计师或设计公司负责。

2. FF&E体系的形成

在19世纪中晚期，随着工业国家中产阶级财富的积累壮大，想要通过私宅布置来体现自己的财富和地位，一些大的家具商开始介入室内装饰和管理，提供家居软装服务。从19世纪中期直到1914年，这种商业模式特别繁荣。

1950—1960年间，家具商为了不断扩大业务将自身升级为艺术范畴，他们开始向大众宣传自己的软装。家具商为了能签下像办公楼、酒店、公共建筑这些不断增加的大型项目，他们的业务也变得越来越复杂，越来越大，开始召集施工队、工匠、布艺设计师、艺术家、家具设计师、工程师等一起加入这种庞大的商业模式。

商业的繁荣发展促进酒店行业的市场扩张，一些世界著名的设计公司就是在这样的时代背景下应运而生。

20世纪，定制设计已经被提出来了。奢华酒店作为高级接待会客空间，所有的设计都是需要整体考虑和定制的，进而软装作为一个与制造商和零售商无关的独立艺术行业运动，促使1899年英国装饰协会成立。

《房屋的装饰》是对新兴的室内装饰影响很深的一本书，是由当时的装饰设计师伊迪丝·华顿（Edith Wharton）和建筑师奥登·考得曼（Ogden Codman）于1897年出版。他们批判当时维多利亚式的烦琐装饰、厚重的窗帘、过分雕琢的家具，过度装饰反而丧失了空间的功能和合理利用。

于是一批设计师受这本书倡导的理念影响，另辟蹊径，其中最重要的埃尔西·德·沃尔夫（Elsie de Wolfe）被誉为室内设计专业的创始人，她的设计反其道而行之，用轻快的色调、舒适的家具，并出版了《有品位的房子》（*The House in Good Taste*）。

从上面的历史背景可以看出装饰和功能的平衡是室内设计的根本。

而奢华酒店作为高级公共场所具有居住、餐饮、休闲、商务等多种功能，庞大而复杂，而客人的体验和感受也是一个酒店存活的根本，室内设计的分工细化是整个庞大项目顺利完成的保障。

而FF & E所涵盖的内容恰恰是直接影响客人感官体验和文化感知的部分，因此FF&E在酒店室内设计中是至关重要的，从设计一开始就占据着举足轻重的地位。

一开始的概念设计就要把FF & E作为重点结合空间的功能规划，做出一个完整系统的概念和策略，引导整个项目的灵魂脉络，让各个专业、各个部门都能达成一致，在一个方向上共同努力去完成一个酒店的落地。

这里就和传统意义上软硬装分离、软装滞后有本质的区别。现在很多一线设计公司内部都会加强软硬装的配合，也意识到软装和设计整体性的重要。而FF&E从一开始就把“软装”部分作为重点来考虑。

3. FF&E专业的发展

随着那些国际知名设计事务所的业务扩展和人员扩散，FF&E专业也在高端室内设计行业里推行，不仅仅服务于酒店设计，也适用于餐饮空间、SPA、会所、精品店、高端住宅等空间，尤其涉及整体定制的项目对FF&E设计要求很高。

同时随着人们对室内设计细节品质的要求越来越高，对审美、个性、身份认同、品牌文化等心理层次的需求越来越重视。

FF&E作为直接影响人类感官体验的部分也就越来越重要，这里需要注意的是，说FF&E软装重要并不是说要费多大力气去装饰，空间里满是设计的痕迹，而是要从整体的空间氛围、人与空间属性的情感互动出发，设计才会动人。

FF&E的设计范畴本身就是室内设计的一部分，是贯穿设计始终的，它的专业细化也是室内设计发展的需要。

但是一个全面的室内设计师是需要一定的能力来掌控设计整体效果的，FF&E专业的设计方法和设计表达都体现出一定的专业性，可以协助设计师与甲方和各部门的有效沟通，从而促进项目的顺利开展。

二、FF&E的设计流程

根据国际常规，FF & E室内设计主要分为五个阶段：概念设计→初步方案设计→深化设计→施工→安装整改。

（1）概念设计

FF&E在第一阶段概念设计中开始介入并发挥举足轻重的作用。

在设计主创的主导下，FF&E负责文化线索调研和提炼，概念图片的筛选和情绪板、文案的编排，空间设计负责平面布置，做到逻辑清晰、体现视觉艺术，对整个空间未来的设计效果进行勾勒，给人直观清晰的构想。

这个设计概念是设计的灵魂脉络，是整个设计的指引方向和策略，一旦和甲方达成一致就会贯彻到底，它是非常重要的，也是体现设计创意和设计表达功底的工作。

一个设计概念的好坏不是看里面有多少大片美图，把情绪板和之后的效果图对比一下，如果它们非常一致说明情绪板做得很精准。

（2）初步方案设计

第二阶段是初步方案设计，也就是主要空间效果图的表现，这时候天地墙到底长什么样，用什么材料、家具，陈列什么样的艺术品，它们与空间的关系比例是怎样的，都要体现在效果图里，配合实样材料展板一起展示。

效果图的意义就在于模拟设计的真实场景，所以效果图里所设计的细节表现得越精准说明在设计的时候思考得越深入，后期落地的时候也就少了一些风险和麻烦，一旦效果图得到了确认，甲方就不会对落地效果有大的意见。效果图是降低设计风险的重要工具。

而软硬装分家的软装设计是不再做效果图表现的，只是做图片拼接，只能看到家具的造型关系却无法预知这些内容在空间中的比例关系。

有些家具在拼图里很美，但放到空间里并不一定合适，这些风险全靠软装设计师在落地过程中把控，对甲方和设计公司来说都是在用设计师的经验与能力做支撑。

（3）深化设计

深化设计阶段，FF&E的工作就更能体现设计的专业与细致。所有设计内容都要在物料书里进行详尽准确的说明，一套合格的物料书要求即使不是设计师本人把控，只要完全按照说明落实，后期执行效果也不会差太多。

物料书制作过程就是设计深化的过程。比如，定制产品的设计图纸，材质，表层处理采用开放漆还是封闭漆，面料选择什么型号，摩擦系数、幅宽、防火等级，地毯用羊毛还是夹丝、手工还是机织、什么工艺、图案的比例、毛线色号，总之生产和落地过程中所涉及的问题基本都会在这一阶段进行深入思考并详尽说明。

当然这是需要一些时间来完成的，所以一些时间紧凑的项目是很难做到的。但是合理利用时间完成物料书反而能让效果得到更好的控制，或许还是节约时间的做法，这是需要甲方和设计方达成一致的。

施工阶段和安装整改阶段请大家自行查找资料了解一下，这里不再赘述。

单元六　餐饮空间的主题规划设计

餐饮空间，不仅仅是指为消费者提供的一个就餐场所，更多的是指通过餐饮空间设计来打造某种主题，优化消费者的用餐环境，烘托出商家想要营造的就餐氛围。它既能满足消费者的饮食需求，也能丰富顾客在就餐时附带的精神文化层次的需求。有别于传统只专注于提供饮食服务的餐厅，在餐饮空间的设计过程中，根据不同对象的设计需求，为它们找到不同的文化主题，以设计主题和经营定位来区别设计对象的不同特色，就是餐饮空间的主题规划设计。

一、餐饮空间主题设计的理念与原则

1. 主题餐饮空间的设计理念

主题设计是以一种主题文化为出发点，并贯通整体设计形式和内容的设计，社会风俗、传统文化、地域风情、自然宇宙等都可以用作主题餐饮空间营造的素材。在进行主题创作营造的过程中，既要遵循人们的观念基础，更要运用各种推陈出新、新颖独特的设计手法。

鲜明独特的主题是主题餐饮空间的核心，是对其市场需求和对外服务的一种定位，看似整体合一的氛围中实际蕴含着一个企业想要表达的理念、价值观和使命。

主题餐饮空间创建的素材要从餐厅所在的地区、地域文化、生态环境、情感需求和艺术氛围等多方面选取。例如在一些少数民族多的地区，通常就选择民族特色鲜明的主题；历史文化底蕴深厚的地区，就选取历史文化相关的主题；对艺术格调比较有追求的地区，在空间设计上就充分体现其艺术性等（图6-1）。

老茶馆民宿
设计案例一

2. 主题餐饮空间的设计原则

主题餐饮空间的创意设计是餐厅总体形象设计的决定因素，它是由功能需要和形象主题概念而决定的。餐饮功能区是主题餐饮空间中进行创意和艺术处理的重点区域，它的创意设计应体现餐厅主题，是室内设计的延续和深化。

老茶馆民宿
设计案例二

主题餐饮空间的设计一般来说有以下几种原则。

① 市场导向原则。

② 适应性原则。

③ 突出服务独特性、主题鲜明性、文化性和灵活性原则。

④ 平面、空间、立体、意境等的设计多维化原则。

图 6-1　某老街茶馆方案设计中的岭南文化元素应用（学生作品）

二、餐饮空间主题设计的表现手法

在遵循主题餐饮空间的设计原则的基础上，主题餐厅空间的营造实际上也是一种带有灵活性的整合行为，即用不同的表现手法和不同的形态符号，来表达某种主题诉求。

1. 常用的表现语言

① 利用装饰形态符号：装饰形态符号的合理运用可以使餐厅的整个氛围在相似的场景中体现出与众不同的效果，在主题的表达上，装饰形态的应用起到了至关重要的作用，它突出的往往是某种风格特征，直接反映了某种餐饮环境的特色。

② 利用情景形态符号：情景形态符号的主要作用则是让人产生联想，增加了主题餐厅的趣味性和设计感。

③ 利用灯光和色彩搭配：灯光照明和色彩搭配能够通过利用色调、层次、造型、照射范围等巧妙地形成光影图案，从而给人丰富的情感体验。

④ 利用创新科技手段：创新科技手段就是利用先进的材料和施工技艺，结合现代

科技中的声音、光影、电灯技术，使整个餐厅氛围变得新奇刺激，充分满足人们的好奇心。如图6-2所示，该店是星巴克数字化主题店，采用了线下与线上打通的模式，使用了20多个数字化系统打造了全新的消费体验。

图 6-2　星巴克臻选上海烘焙工坊店内的数字化屏风

2.常用的表现手法

（1）突出地域及民族特色

在漫长的历史文化发展中，中国有56个民族，而全世界更是约有2000个大小不同的民族，每一个民族都有自己独特的文化内涵、宗教信仰、道德观念，因此民族特色和地域习惯无疑就成为创建主题餐厅灵感的源泉。

各民族的文化也会具有一定的地域特征，因此民俗主题餐厅不仅是一种空间形态的区别，更是立足于满足民族和地区饮食活动的一种需求。突出民俗文化特色的餐厅，通常是利用地方特有的风俗习惯、建筑特色、景点景观等元素，来完善餐厅别具一格的风味。民俗主题餐厅不仅能推广宣传某个民族和地区的特色美食，还能一定程度代表某个地方的形象，而不同民族的集成，也是餐饮业多元化的一种体现。

（2）强调文化及艺术内涵

餐饮空间作为提供餐饮消费的场所，饮食只是消费中的一部分，而富有文化艺术内涵并蕴含丰富的文化特色的环境空间，成为消费价值中不可或缺的一部分。因此，这种主题性空间必须对环境进行装饰，才能反映出深厚的文化底蕴。在餐饮空间的主题性设计过程中要充分利用文化和艺术内涵对空间环境进行设计，为顾客营造出一种差异性的用餐环境体验。

一个主题餐厅可以从多个角度来完善其要营造的文化内涵，大到装潢装饰，小到餐具摆放，除却一系列硬件设施的匹配之外，服务人员的用语基本礼仪、企业对人员的文化培训深入程度等，也是十分需要注意的。

主题餐厅中的每一个细节都能潜移默化地影响着进餐的消费者，所有置身其中的过程实际上就是一个接受文化艺术熏陶的过程。由此可见，主题餐厅强调所营造空间的文化艺术内涵是十分重要且有必要的。

（3）追求个性、独特和创新

现阶段是一个追求个性、张扬个性的时代，人们追求个性体现在各个方面，其中必然也囊括了餐饮业。独特、有个性的餐厅环境不仅能给人留下深刻的印象，还能给消费者带来特殊的体验感。

在满足人们精神需求的基础上，讲述某个有深刻寓意的故事，突出某种情感的表达，实现美食与情景的结合，同时通过这种体验感染消费者。

三、主题餐饮空间的设计方法

1. 主题餐饮空间的设计重点

进行主题餐饮空间设计时，关键是做好目标定位、设计切入、工艺实现三方面的工作。

（1）目标定位

在进行主题餐饮空间设计时，必须要明确设计的目标是以人为中心的。在顾客和设计者之间，应以顾客为先，如餐厅的功能、性质、范围、档次、目标等，以及原建筑环境、资金条件以及其他相关因素等，而不是设计者纯粹的“自我表现”。

餐饮空间设计时对于餐厅的主题定位要求极其明确，因为餐厅的主题便是整个餐厅的灵魂所在。要将餐厅自身的特色与优势清晰呈现在人们眼前，餐厅的主题也必须贴合餐厅的主打菜品，为人们带来无论是从所见所处的环境中还是对于美味菜色的品尝中都有不同的体验。

（2）设计切入

按照定位的要求，进行系统的、有目的的设计切入，从总体计划、构思、联想、决策、实施方面发挥设计者的创造能力。

（3）工艺实现

由创意构思变为现实的主题餐饮空间，必须要有可供选用的装饰材料和可操作的施工工艺技术。

2. 主题餐饮空间的设计程序

① 调查、了解、分析现场情况和投资数额。

② 进行市场的分析研究，做好顾客消费的定位和经营形式的决策。

③ 充分考虑并做好原有建筑、空调设备、消防设备、电气设备、照明灯饰、厨房、燃料、环保、后勤等因素与餐厅设计的配合。

④ 确定主题风格、表现手法和主体施工材料，根据主题定位进行空间的功能布局，并做出创意设计方案效果图和创意预想图。

⑤ 和业主一起会审、修整、定案。

⑥ 施工图的扩初设计和图纸的制作：如平面图、天花图、地坪图、灯位图、立面图、剖面图、大样图、轴测图、效果图、设计说明、五金配件表等。

课后拓展思考

（1）餐饮空间的主题性是什么？如何体现？有什么作用？

（2）常见的餐饮空间主题是什么？如何体现地域性与时代性？

预习衔接任务

餐饮空间的主题性设计如何与空间的整体设计协调？请查阅相关资料阐述整体设计与主题设计的关系，并思考室内设计中整体设计的趋势与重要性。

单元七　主题餐饮空间的室内陈设设计

陈设设计是主题餐饮空间设计的一个重要组成部分，是各种装饰要素的有机组合，对整个主题餐厅风格起到画龙点睛的点缀作用，能直接地反映出当地的人文、地域特征，在某种意义上还能提高主题餐厅的文化氛围和艺术感染力，也是对主题餐厅空间组织的再创造，也称"二次装饰"。陈设品设计包括的范围极其广泛，一般可分为装饰性陈设品设计和功能性陈设品设计。

装饰性陈设品包括织物、工艺品、书法、绘画、雕刻物、陶瓷、纪念品和观赏植物等具有浓郁的艺术情调和装饰效果的艺术产品；功能性陈设品包括餐具、桌布、容器、花瓶、窗帘、灯具、家具等，强调造型和色彩，兼有功能性和观赏性。

室内陈设设计的意义如下。

（1）为顾客构筑精神空间

越来越多的餐厅重视形象升级，为顾客打造高颜值的空间。越来越多的顾客也变得"挑剔"，在美食（物质）满足之外，更注重精神享受。室内陈设则是展示餐饮空间文化的一面镜子，有助于渲染其氛围和增强艺术感染力。室内陈设，如字画、雕塑、工艺品等，成为顾客享受精神空间的主要杠杆。陈设品的布置，有助于提高顾客食欲。古有"望梅止渴"，今有"望物欲食"。好的室内陈设是一项增值服务，不但可以愉悦顾客的心情，还能够吸引顾客食欲。比如优雅舒适的餐桌布置，在点餐的位置或者等待区域放一些吸引顾客食欲的美食挂画。

（2）为室内构筑丰富的层次感

室内陈设对餐厅空间层次有再创造的效果，对整个餐厅空间起到画龙点睛的点缀作用和辅助作用。室内陈设，如家具、织物、艺术品、绿化植物等，利用这些陈设品的不同摆放形式、样式和色彩等，可以塑造出空间层次感。陈设品的不同、大小不同、风格不同，对餐厅的空间气氛起到极其重要的作用。陈设品的选择和使用要与餐厅整体的设计风格相匹配，与餐厅整体构思立意相呼应。选择陈设品的类型，应注意与墙面、台面及各类室内构件的组合和搭配，刚中有柔、虚中有实，与室内环境相互烘托。如，长方形的餐桌，瓶花的插置宜构成三角形，而圆形餐桌，瓶花的插置以构成圆形为好。

一、餐饮空间色彩规划设计

1.餐饮空间中的色彩构成

如图7-1所示，常把室内色彩概括为三大部分。

① 作为大面积的色彩，对其他室内物件起衬托作用的背景色。

② 在背景色的衬托下，以在室内起主导作用的家具色彩为主体色。

③ 作为室内重点装饰和点缀的面积小却非常突出的重点色或称强调色。

背景色：如墙面、地面、天棚等大面积色彩，为室内整体的衬托。背景色是室内色彩设计中首要考虑和选择的问题。

绿化色彩：植物协调、丰富空间环境，创造空间意境，美化生活。

陈设色彩：织物、灯具、工艺品、绘画、雕塑等体积虽小却画龙点睛，为重点色彩或点缀色彩。

装修色：如门、窗、通风孔等，它们常和背景色彩有紧密的联系。

家具色彩：家具是室内陈设的主体，是表现室内风格、个性的重要因素，和背景色关系密切，是室内总体效果的主体色彩。

图 7-1　某餐厅备餐区色彩效果

2.餐饮空间色彩构图的基本原则

室内设计色彩构图的基本原则是色彩的统一与变化，所采取的一切方法，均为达到此目的而做出选择和决定，应着重考虑以下问题。

① 主调。室内色彩应有主调或基调，冷暖、性格、气氛都通过主调来体现。对于规模较大的建筑，主调更应贯穿整个建筑空间，在此基础上再考虑局部的、不同部位的适当变化。主调的选择是一个决定性的步骤，因此必须和要求反映空间的主题十分贴切。即希望通过色彩达到怎样的感受，是典雅还是华丽，安静还是活跃，纯朴还是奢华。

② 大部位色彩的统一协调。主调确定以后，就应考虑色彩的施色部位及其比例分配。作为主色调，一般应占有较大比例，而次色调作为与主调相协调（或对比）色，只占小的比例。

③ 加强色彩的魅力。背景色、主体色、强调色三者之间的色彩关系绝不是孤立的、固定的，如果机械地理解和处理，必然千篇一律，变得单调。既要有明确的层次关系和视觉中心，又不刻板、僵化，才能达到丰富多彩的目的。

3.餐饮空间色彩计划实施步骤

完成一个色彩计划，包括制作色彩样块和材料样块。它能把头脑中的概念转变成可见的实物，以便对它进行评估，或者在确定后付诸实施。

（1）收集色样

这个过程需要有足够的色样，以便互相比较，最后把它们排列起来形成色彩记录。收集大量的色块是初步阶段的重要工作。理论上的色彩计划一般来说是比较简单的，因为它不考虑材质、图案和其他一些实际材料的特征，而只要单纯地把材料的颜色用色块列出来就可以了。可以用从包装盒、小册子印刷、广告等所有能找到的东西上剪下来的彩色纸来充实色样收集种类，这样的习惯会使你很快拥有一个非

色彩练习

常有用的色样集。

（2）制作色彩图

在组成色彩图的时候，每种色样的面积要与实际所占空间的比例一致。色样尽可能按照它在实际空间中出现的次序来排列。地板应在画面的最底部，然后是墙面，再后是家具和相关的物品，天花在最上面。在色彩图上应该列出所有可能出现的色彩。随着色彩图的逐渐完善，我们应把它放在中性色的背景前来观察，比如白色、黑色。色样与色样之间应紧密排列，不能露出空隙。当色彩计划确定以后，可以把色样用胶水固定下来，最终完成色彩图。这种抽象的色彩图可以用来供客户观看或作为色彩的定制和粉刷的基础。

在色彩图中还可以用真实的材料来替代抽象的色样，如木材、家具的贴面材料、瓷砖、地毯等。但像砖块、石块等一些体积很大不容易保存的材料仍可用色样。地毯和织物等只有通过实物才能对其纹理和图案的效果有确切的感受。色彩样板可以用真实材料和色块来制作。当色彩样板确定以后，它就成了以后采购和施工中的依据（图7-2）。

图7-2 软装配色材料样板

4.餐饮空间色彩设计的要点

① 首先要确定餐饮空间总体的色彩基调，再针对餐饮空间的不同区域功能来设定搭配的局部色调。

② 处理色彩关系一般是根据“大调和、小对比”的基本原则。

③ 餐饮空间室内环境的色彩处理，必须在充分考虑自然环境的情况下来进行，色相宜简不宜繁，纯度宜淡不宜浓，明度宜明不宜暗，主要色彩不宜超过三个色相为好。

④ 在缺少阳光的区域和利用灯光照明的餐饮包房里，可以多采用明亮的暖色相，以调节其明亮的温暖气氛，增加亲切感。

⑤ 阳光充足的区域或炎热地方，则可多采用淡雅的冷色相，给人以凉爽的感觉。

⑥ 在门面招牌、接待区、厕所、电梯间和其他一些逗留时间短暂的地方，使用高明度色彩可获得光彩夺目、干净卫生的清新感觉。

⑦ 在咖啡厅、酒吧、西餐厅等地方，则使用低明度的色彩和较暗的灯光来装饰，能给人一种温馨的情调和高雅的感受。

⑧ 用餐区和包房等逗留时间较长的地方，使用纯度较低的各种淡色调，可以获得一种安静、柔和、舒适的空间感受。

⑨ 在快餐厅、小食店、食街等餐饮空间里，使用纯度较高和鲜艳的色彩，则可获得一种轻松、活泼、自由、快捷的用餐感受。

二、餐饮空间灯光规划设计

灯光对人们的味觉、心理有潜移默化的影响，餐饮空间设计需要用合理的灯光系统来营造氛围，达到饮食之美与空间之美的和谐统一。

餐饮空间灯光设计的合理性，需要餐厅的经营者与设计师的联系沟通，需要在施工之前就进行介入。

1.餐饮空间照明规划标准

（1）餐饮空间照明设计标准值

餐饮空间照明的标准着重于功能满足，照明设计的目标就是以客户为导向，在满足商业诉求的前提下，提供必要的、功能性的视觉效果，应符合《建筑照明设计标准》（GB 50034—2013）（表7-1、表7-2）。

表7-1　旅馆建筑照明标准值

房间或场所	参考平面及其高度	照度标准值/lx	统一眩光值	显色指数
中餐厅	0.75m水平面	200	22	80
西餐厅	0.75m水平面	150	—	80
酒吧间、咖啡厅	0.75m水平面	75	—	80
多功能厅、宴会厅	0.75m水平面	300	22	80
厨房	台面	500*	—	80

注：*指混合照明照度。

表7-2　旅馆建筑照明功率密度限值

房间或场所	照明功率密度限值/（W/m^2）		照度标准值/lx
	现行值	目标值	
中餐厅	≤9.0	≤8.0	200
西餐厅	≤6.5	≤5.5	150
多功能厅	≤13.5	≤12.0	300

（2）餐饮空间照明质量指标

影响照明质量主要有以下几个重要的指标（图7-3、图7-4）。

左：高照度、高色温（舒适、有食欲）　右：高照度、低色温（不舒适、不新鲜）

图 7-3　高照度色温对比

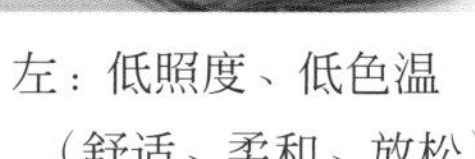

左：低照度、低色温（舒适、柔和、放松）　右：低照度、高色温（不舒适、阴冷、不新鲜）

图 7-4　低照度色温对比

视觉氛围：色温、光照方向、对比度、灯具造型。

视觉舒适度：显色性、均匀度。

视觉功能：照度、眩光限制。

节能与维护：灯具效率、维护系数、功率密度值、照明控制。

① 色温：色温（color temperature）是一种温度衡量方法，是可见光在摄影、录像、出版等领域具有重要应用的特征。光源色温不同，带来的感觉也不相同。高色温光源照射下，如亮度不高就会给人们一种阴冷的感觉；低色温光源照射下，亮度过高则会给人们一种闷热的感觉。

对于餐厅照明设计而言，无论照度高低，色温都不宜过高，不建议使用白光。色温越高，光线越冷（偏蓝）；色温越低，光线越暖。通常，在高色温环境下，食物本身的色彩不能够很好地被显现出来，相反会让实物显得没有光泽，进而影响食客食欲。

一般2700（偏红）～3500K色温范围内的灯光，往往会让餐厅空间显得更加温馨舒适。如图7-5所示，色温值<3000K为暖色光，与白炽灯光色相近，红光成分较多，能给人一种温暖、健康、舒适的感觉，主要用于酒店、西餐厅、咖啡厅等让人休息放松的休闲场所。

（a）　（b）

（c）　（d）

图7-5　某酒店各包厢设计

3000K<色温<5000K为中间色光，其光线柔和，给人愉快、舒适、安详的感觉，主要用于快餐店，如图7-6所示。

（a）　（b）

图7-6　某会所餐厅包厢设计

色温>5000K为冷色光，接近自然光，有明亮的感觉，让人能够精神集中、冷静，如图7-7所示。

（a）

（b）

（c）

图7-7　某酒店宴会厅设计

② 显色性：显色性也叫显色指数，符号是Ra，代表光源对物体本色的呈现能力。数值越高，显色性越好。Ra=100，则说明在此光源下，事物显示出的颜色与原本颜色一致。

普通空间的显色指数Ra=80即可，但餐厅灯光显色指数不可低于90（图7-8）。

图 7-8　不同显色指数下的效果

Ra高、显色性好的暖色调，能够吸引顾客的注意力，可以真实还原再现食物色泽，引起顾客食欲。

③ 照度：光照强度是一种物理术语，指单位面积上所接受可见光的光通量，简称照度，单位勒克斯（lux或lx）。用于指示光照的强弱和物体表面积被照明程度的量。在餐饮空间的照明设计中需要照度充足，但不宜过高。

我国《建筑照明设计标准》中规定中餐厅0.75m的水平面处照度不可低于200lx，西餐厅不可低于150lx。当然，每家餐厅的光环境仍然要根据自己的特点和区域进行设计。一般来说，环境照明的灯具可直接安装在天花里或者是装在天花上，照度控制在100lx左右，餐桌上的照度则需要达到200～450lx，形成重点区域照明，如图7-9所示。

图 7-9　某精品酒店早餐厅设计（合作企业设计案例）

从心理学层面分析，良好的餐饮空间照明质量能够创造出令人愉悦的空间环境，能够影响人的情绪，它可以创造一个合适的氛围。

2.餐饮空间照明设计重点

在餐饮空间设计的灯光应用中，一般的餐厅在下面几个重要位置进行重点设计。

（1）餐厅入口及吧台处

在餐饮店面设计中，餐厅的入口比较具有辨识度，是顾客进入餐厅前就会注意到的地方。可以说，它直接决定顾客对餐厅的第一印象。因此，做好餐厅入口处的灯光设计是非常重要的一项工作。在设计餐饮店面时，入口处应注意将其和周边环境进行明显区分。这种区分可以通过不同的方法实现。照度区分：比周围更亮或者更暗；色温区分：比周围更暖或更冷。它们的目的都是一样的，即通过显著的标识来吸引顾客。图7-10为星巴克海外甄选烘焙工坊（上海南京西路）——入口区域的主题装饰墙面。

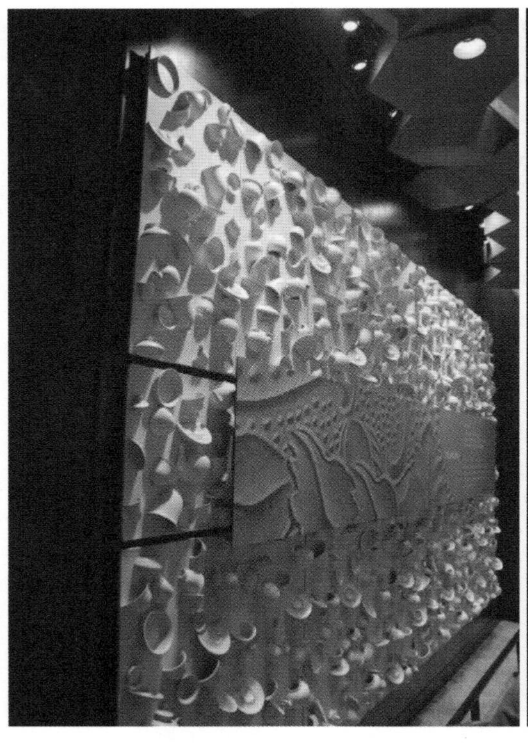

图7-10　入口区域的主题装饰墙面

吧台是餐厅中向客人提供酒水及其他服务的工作区域，是整个餐厅的中心和总标志，因此吧台一般应在显著的位置，如距进门处、正对门处等。吧台后面的工作区和陈列部分要求有较高的局部照明，以吸引人们的注意力并便于操作（照度在0 ～ 320lx），酒吧台下可设光槽对周围地面照亮，给人以安定感，室内环境要暗，这样可以利用照明形成趣味以创造不同个性。图7-11为星巴克海外甄选烘焙工坊（上海南京西路）——吧台区域灯光使用。

图 7-11　吧台区域灯光使用

（2）餐厅就餐空间

想要让桌面上的菜看起来更加诱人，显色指数格外重要，也就是对色彩的还原程度。我们可以通过小角度光束照明的方法来增加整个餐饮店面设计的戏剧感效果，但需要注意的是，这种方式容易使灯光下的顾客出现黑脸，同时，过于强调明暗对比很容易造成顾客的视觉疲劳。解决这一问题就要依靠基础照明，也就是餐桌之外的大环境的布光设计。

餐厅设计的卡座和包厢的核心是私密性，要想凸显这一点，可以将光源往下压，拉近灯与桌子的距离，或者遮挡住灯的背面。这样一来，空间上方的黑色和桌面周围的光亮会形成更鲜明的对比，让光线在人和桌的周围画出一道界线。

餐厅窗边座位对于餐饮店面设计来说，是顶级的橱窗广告位，也是最容易被忽略的地方。对于餐饮空间来说，设计的重点不再是亮度，而是美感和通透。可以用轨道灯照射窗边的一排桌子，让空间显得更加柔和温暖。也可以调暗玻璃幕墙边的座位，从远处看能产生充满艺术性的剪影感。这样一来，在餐厅边的潜在顾客会自然地将目光移动到照度更加明亮的室内，刺激其用餐欲望。

（3）餐厅洗手间

餐饮店面设计中，洗手间的照明设计一般要遵循国家标准的安全照度。洗手盆一定要通透明亮。建议安装镜前灯，让顾客在洗漱台前照得更亮，更便于其整理仪容（图7-12）。

（a）

（b）

图 7-12　某酒店卫生间区域设计

3. 餐饮空间灯光设计原则

（1）结合主题餐厅的内容进行灯光照明的功能化设计

主题餐饮空间中，灯光的功能化设计与环境气氛的创造密不可分，因此在灯光设置的过程中，应围绕其主题餐厅的内容进行相关的思维发散和科学合理的灯光设计。

主题餐厅在灯具的选择上，应考虑与餐厅内家具、织物、陈设等的颜色、风格和谐一致的产品，共同营造主题氛围。

（2）利用灯光照明色彩关系强化主题餐厅的氛围

照明是创造就餐环境的重要工具，而光线和色彩的应用是整体用餐效果的关键。在相应的主题餐饮空间设计和规划过程中，科学掌握光与色彩之间的联系，并结合主题餐饮空间设计，通过灯光明暗及色调的搭配和布局，为用餐环境增添艺术效果和视觉体验，营造整体的用餐氛围。同时灯光的照射也为呈现出来的美食增添色彩，使人在用餐的过程中享受美、体验美、感受美。充分利用光与色来创新定义每一道菜品，使其特色鲜明，增强感官体验。

（3）利用不同的灯具形态提升主题餐厅形象

主题餐饮空间设计中，灯具的使用需从整体和局部两方面进行考虑。

从整体上考虑，就是使室内空间中的照度均匀分布。此时，要考虑的是灯具设置的高度、灯具的间隔及光线从灯具中射出的方式。这时，可选择筒灯或灯盘，采取有规律的阵列布置方式或以日光灯管所组成的发光灯带或发光顶棚的方式来解决。

从局部角度来看，根据主题餐饮空间设计的布局，营造空间环境的层次感，可以在特定位置添加灯具，以增强局部区域和家具的照度和效果。在具体的主题餐饮空间设计工作中，通过加设吊灯、射灯（轨道灯）和壁灯来加强局部的光照度水平，也可提升整体用餐环境的空间层次感和灯光效果。

目前的灯具市场类型多种多样，不同灯具营造出的灯光效果也大不相同，如何利用其营造舒适美观的室内用餐环境取决于设计师的选择和搭配能力。

三、餐饮空间家具规划与应用

餐饮空间中餐饮区的家具主要包括餐桌、餐椅、餐柜、服务台及部分放置装饰品的家具；厨房部分主要包括清洗台、切配台、食品柜、灶具等，以及各式电器，还有和界面不可分割的龛式酒柜、吧台等。它们与餐厅内部环境的各界面和陈设物一起共同作用，相辅相成，构成餐厅室内的整体环境。

1. 主题餐厅家具设计要点

（1）餐厅桌椅定位需求要明确

明确主题餐厅所针对的消费者是谁。消费对象可以根据年龄、学识、消费能力三方面来衡量。其中消费能力为重要指数。如果消费者为一般都市年轻人的话，主题餐厅的桌椅设计风格可以时尚简约；若针对中高商务人员，可以选择典雅、舒适、奢华的桌

(a)

(b)

图 7-13　上海 Green&Safe 轻食餐厅（东平路店）

椅设计风格。如图7-13所示的上海Green&Safe轻食餐厅（东平路店），该餐厅主打“安全·美味·有机生活”的主题，室内采用原木、铁质家具呈现欧洲集市的风格。

（2）餐桌椅主题需鲜明

主题餐厅桌椅的设计不同于宽泛理念的一般餐厅。主题餐厅桌椅设计目的必须围绕一个鲜明主题，主题选择上可以独具一格，但是也不能反差过大。如图7-14所示，该餐厅整体风格以“禅”为故事内容，体现静修、寂静的感觉，家具的选用设计也以“水、云、古、宫”为主题元素。

图 7-14　某会所餐饮空间设计（合作企业设计案例）

（3）风格气氛材质以及款式应独特

无论是桌椅色彩的搭配还是家具款式造型的选择，包括服务人员的着装、餐厅里的相关音乐音调都要符合既定的主题。

2. 主题餐厅家具应用原则

（1）符合餐饮空间需求的原则

在餐厅的具体设计中，很重要的工作便是考虑怎样布置家具来满足人们的餐饮要求，以及从空间环境和特定氛围塑造出发，来确定家具的式样和风格。

同时，要考虑满足人的使用要求，即人们在使用它时感到方便、舒适、合理，有利于摆放、组合和便于清洗等。

（2）符合餐饮空间主题的原则

在餐厅设计中，无论是设计家具或选配家具，都要符合餐厅的主题风格，与整体环境相匹配。否则，再精美、再有特色的家具也要割弃，以免风格杂乱，没有章法。

（3）符合就餐环境审美的原则

主题餐厅家具的陈设、选择和布置方式要能为就餐环境增添艺术美的感受，满足人的审美要求，协调空间整体氛围。

一般小面积的餐厅利用低矮和水平方向的家具，使空间显得宽敞、舒展；大面积、净空较高的空间则用高靠背和色彩活跃的家具来减弱空旷感。

四、主题餐饮空间装饰品的设计与应用

1.织物产品的使用

主题餐饮空间的织物产品一般有：地毯、台布、窗帘、吊帘、墙布、壁挂等。织物在餐厅的覆盖面积大，因而对餐厅的室内气氛、格调、意境等起着很大的作用。

织物的原料、织法、工艺差异性可以形成不同的观感和触感，同时织物的柔软、触感舒适的特性，可以有效地增加空间的亲和力，因此，织物产品在主题餐饮空间设计中具有举足轻重的地位。

主题餐饮空间的织物的色彩、图案，以及铺设方法，必须与主题餐厅的整体主题风格相一致并强化空间局部效果（图7-15）。

图7-15　某精品酒店早餐厅织物选型方案（合作企业设计案例）

2.艺术产品的摆放

主题餐饮空间的艺术产品包括各种绘画书法作品、工艺品以及摄影作品等墙面装饰作品，也包括雕塑和创作摆饰等平面安放的观赏工艺品（图7-16）。

3.绿化植物的选择

绿化植物陈设是餐饮空间设计必不可少的一个组成部分。

植物不仅可以协调人与环境的关系，增加视觉和听觉的舒适度，调节人的精神，调节室内空气，降低噪声，改善小气候，还可以利用植物的材料并结合常见的园林设计手法和方法，适当阻挡视线，组织、完善、美化餐饮空间，对空间起到提示与引导作用，丰富并升华主题餐饮空间。

植物虽能起到调节心理、美化环境的作用，但切忌花花绿绿，使人烦躁而影响食欲。不同灯光下，绿化植物呈现不同的效果。在暗淡灯光下的晚宴，若采用红、蓝、紫等深色花瓶，会令人感到稳重。若用于午宴，会显得热烈奔放。

（a）

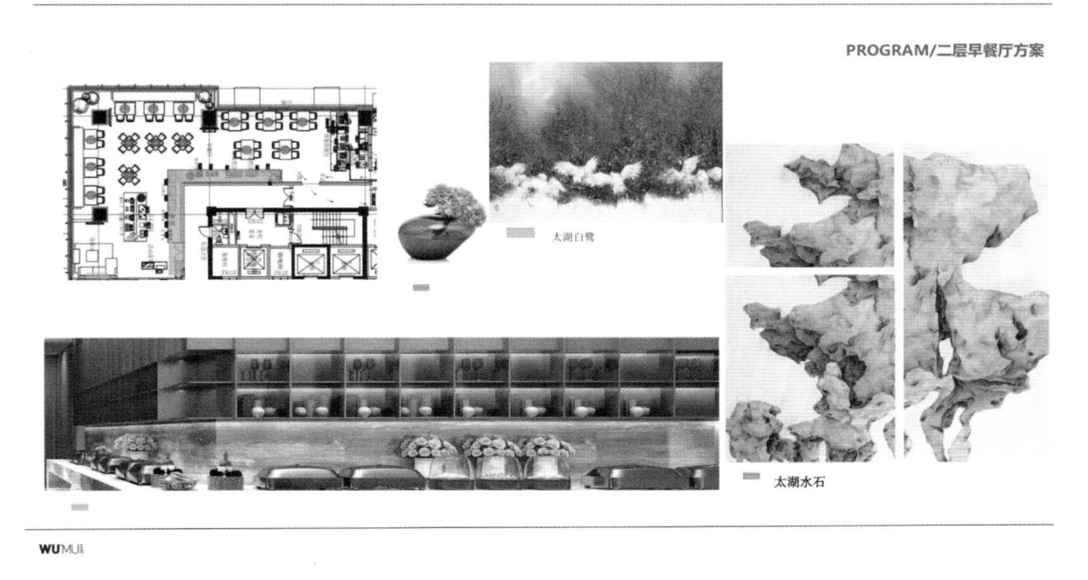

（b）

图 7-16　某精品酒店艺术品陈设方案

课后拓展思考

（1）室内软装饰设计的主要内容是什么？餐饮空间与其他类型空间的软装要求有什

么不同？如何在软装设计中体现主题性？

（2）产品物料的更新与增加有什么作用？如何做到常用常新、随用随新？

预习衔接任务

请不断更新自己的物料清单并思考其对主题餐饮空间设计的重要性。

某会所餐饮空间设计案例一

某会所餐饮空间设计案例二

单元八　主题餐饮空间的整体软装实操流程

所谓整体软装设计就是依循风格统一、质量如一、可定制、可随意组配的理念对室内空间进行规划设计。主要包括商务阶段、概念阶段、深化阶段、布场阶段以及完工验收五个阶段。

一、商务阶段

商务阶段包括对市场分析、客户分析、物料产品的价格收集、项目成本的基础评估等工作。

主要操作流程如下。

1. 承接任务、分析甲方基本情况

项目的来源主要有以下途径：①私营业主；②同一公司或者相关公司室内项目的后续工作，任务目的明确，容易沟通，良性来源；③甲方邀标或者招标，沟通有限，有风险；④甲方委托，工作水平要求高，为优质来源。

餐饮空间的软装设计要考虑空间的整体协调性，以及主题文化，同时还要考虑适当调低成本。因为主题餐饮空间装修的频率非常高，多则3～5年、少则2～3年整体形象就要更新一次，所以在装饰物品的选择上更倾向于物美价廉。

2. 收集物料素材、分析项目硬装情况

物料素材库的丰富程度会左右方案的优劣，并对设计的完成度起决定性作用，每个软装设计师和公司都要不断地进行素材积累，并分门别类归纳好，这样设计师进行软装设计时就会比较轻松。

在获得甲方项目基本资料后，需要进行详细的分析，了解项目硬装情况。

① 分析图纸：通过效果图和甲方提供的施工图图纸，会对整个项目的空间有基本的了解和直观的认识。软装设计师要重点查看施工图图纸中的立面表现图，了解到空间的结构、施工方法、施工材料及各种尺寸，在软装材料搭配硬装材料时会起到非常重要的作用。

② 实地考察：根据硬装的进度，软装设计师一定要到现场进行实地考察，进一步体会整体空间。尤其是餐饮空间的软装设计，需清楚硬装的选材，如地砖、墙纸、吊顶、石材等，仔细斟酌硬装选材的基调、气质。软装设计必须和硬装设计匹配协调。

③ 提出建议：如果硬装设计存在某些方面的缺陷，可以通过软装进行巧妙的弥补。

二、概念阶段

1.项目承接后的工作

（1）测量

新房空间测量：①除测量平面尺寸，还要量出做装饰的立面尺寸。②对大场景、墙立面、细节节点进行拍照（拍照最好有参照物，如此可以估算尺寸）。

改造空间的测量（二手房）：①测量平立面尺寸，以及原有家具、灯具、地毯、挂画尺寸，目的是为后期工作做参考。②地面、墙面等材料颜色，以便于参考搭配。

（2）空间功能需求探讨（努力捕捉项目深层的需求点）

① 空间流线（经营动线）；②顾客需求；③主题文化；④对色彩的喜好；⑤对宗教的禁忌。

（3）风格元素探讨（前提是收集硬装节点）

① 风格定位与客户的需求结合；②原有的硬装风格；③与客户沟通时要尽量从装修时的风格开始，涉及家具、布艺、饰品等产品细节的元素探讨，捕捉客户喜好。

2.概念方案初步构思

① 设计师综合以上3个环节（测量、空间功能需求探讨、风格元素探讨）对平面草图的初步布局，并且结合拍照元素进行归纳分析。

② 初步选择配饰产品（家具、布艺、灯饰、饰品、画品、花品、日用品、软装材料）。

③ 设计师对物料产品进行分析初选，项目软装方案初步构思。

3.PPT软装概念方案

① 封面：设计排版体现项目的风格，写上项目的名称。

② 目录。

③ 设计理念或风格定位。

④ 色彩分析。

⑤ 材质分析。

⑥ 平面优化布置。

⑦ 各空间概念图：场景、中景、局部、细节特征等内容。

三、深化阶段

1.设计合同

初步方案经客户确认后签订《软装设计合同》，第一期设计费按设计费总价的60%收取，测量费并入第一期设计费。

客户对初步方案不满意可3日内提出，在扣除测量费后全额退还第一期设计费并解除合同。

2.方案深化

在定位方案与客户达到初步认可的基础上，通过对于产品的调整，明确在本方案中各项产品的价格及组合效果，按照配饰设计流程进行方案制作，完成完整配饰设计方案。

（1）方案制订流程

方案必须先跟客户达成初步的共识，再在价格和组合效果上做文章。

本环节方案是在初步方案得到客户基本认同的前提下出的正式方案，可以在色彩、风格、产品、款型认同的前提下做两种报价形式（中档和高档）。价格是很现实的因素，所以一定要让价格在客户满意的前提下尽量做出客户想要的效果。

（2）初步方案流程

按照配饰设计流程进行方案制作，注意产品的价格比重关系（家具占60%，布艺占20%，其他共占20%）。

（3）方案修改

在跟客户再次沟通后，根据客户的意见再次在色彩、风格、配饰元素、价格等方面进行调整。

首先是设计师一定要清楚表达，让客户理解你。其次是一定要听懂客户的核心诉求，把他的诉求体现在方案修改上。

（4）二次空间测量

设计师带着基本的构思框架到现场，反复考量推敲细部的设计。同时要核实现场，尤其是家具尺寸，避免后期进行过多的改动。

（5）深化产品的沟通和确认

跟客户沟通确定款式、档次、颜色等信息，务必要签字确认，以免后期发生纠纷。

3.软装方案呈现

（1）封面

封面是软装设计方案给甲方的第一印象，是非常重要的。封面的内容一般除了标明“**项目软装设计方案”外，整个排版要注重设计主题的营造，让客户从封面中就能感觉到这套方案的大概方向，引起客户的兴趣。

（2）目录索引

根据方案类型不同，设计不同的目录索引程序。一般居住空间可以按照主人一天的生活轨迹设计流程，而商业空间应该根据人流动向和营销需求设计流程。方案部分的索引目录可以是每个页面的实际空间名称，也可以是为每个空间设计起一个概括性的名称，以便于故事情节的展开，例如，客厅沙发部分的陈设可以表述为：悠闲的浪漫下午茶时间。

（3）设计主题

设计主题是贯穿整个软装工程的灵魂，是设计师表达给客户“设计什么”的概念。

可以为这个项目起一个优雅恰当的名字。在设定餐饮空间的主题时，不仅要设定整体主题，还要延伸发展，细化每个主要空间的主题，以多元化和个性化的表达形式体现空间主题。

（4）设计说明

设计说明部分可根据具体项目要求，简短或详细地描述设计师要表达的设计理念，是整个方案的文本纲领。除注意文本的描述精准外，此页面的排版及字体的选择也要非常讲究，一定要切合主题，大气洒脱。排版如果是简洁、大气的，无需搭配过多的文字和图片，也可以采用中英文对照排版。

（5）设计风格、材质及色彩定位

① 软装设计风格定位：在国内，软装的设计风格基本都延续硬装的风格。虽然硬装可以因为软装的不同而不同，但一个空间不可能完全把软装和硬装割裂开来，更好地协调两者才是大众最认可的方式。近几年，装饰风格不断演变，更多的设计师喜欢混搭，别有一番感觉。软装属于商业艺术的一种，不能说哪种风格一定是好还是不好，只要适合业主的就是最好的。设计师可根据实际情况来决定做某种纯粹的风格还是混搭风格。

② 材质定位：优秀的软装设计师一定要非常了解软装所涉及的各种材质，不但要熟悉每种材质的优劣，还要掌握如何通过不同材质的组合来搭配合适风格的空间。比如要打造一个清爽的地中海风格餐饮空间，家具尽量选择开放漆，木料尽量选择橡木或胡桃木，布料尽量选择棉麻制品，灯饰尽量选择铁艺制品，这样搭配的空间就会把舒适、休闲、清新的地中海品质表达得淋漓尽致。每一种材质都有其独有的气质，就像香水再香也不能多瓶香水混用一样，一定要通盘思考整个空间，包括硬装的材质都要思考在内。

③ 软装色彩定位：一套作品中，色彩具有无可比拟的重要性，同样的摆设手法，会因为色彩的改变，气质完全不同。软装色彩遵循所有设计的色彩原理，一个空间要有一个主色调，一两个辅助色调，再搭配几个对比色或邻近色，整个空间的效果就出来了。软装设计当中，设计主题定位之后，就要考虑空间的主色系，运用色彩带给人的不同心理感受进行规划。

（6）灵感溯源

灵感溯源部分指的是设计师展开项目设计时，创意的源泉从何而来。一个软装设计方案，应该从什么元素切入才能完美地表达整个空间，这是软装设计师不断思考和积累的结果。灵感的来源是非常多样化的，借鉴硬装的设计元素也是一个方向。

（7）平面布局图

一般来讲，一个建筑在设计初期，就会对空间的使用进行合理规划，硬装设计部分对空间的平面都会有非常详细的设计，所以到软装这个环节，空间布局部分发挥的余地就不是很大。但也有一些大型的空间，如售楼处、宴会厅等，布局可以有多种形式，软装设计师可以在此发挥。只是在平面规划中，对家具尺度的把握要特别注意，比如一些客厅、主卧里面放洽谈椅或放休闲沙发，整个体量感是完全不一样的，一定要根据实际空间来掌控。

（8）人流动向图

人流动向图一般适用于售楼处、酒店、会所、商业空间等人流量比较大的空间，家居类一般不需要。在整个布局设计中，一定要引导人流的走向，从哪个地方进入，进入什么空间，从哪个地方出去，要控制得非常合理。在设计时，可以想象自己就是客户，怎么进来，转向哪个空间，穿过哪个空间，在什么地方该看到什么，怎么出去等。

（9）空间索引图

空间索引图在软装方案表现中尤为重要，相当于一个故事的前奏和开场白，让客户知道接下来将有哪些空间的细部方案展示，比如住宅空间的玄关、餐厅、客厅、厨房、卧室等。空间索引图，可以起到引导性的作用，方便梳理空间。

（10）空间明细设计图

软装的设计要更注重实用性，虽然在做方案的时候，设计师都会融合一些情境图片来烘托氛围，但是软装设计最终还要落实到实物上，所以在选择图片的时候，效果好是一方面，更重要的还要考虑到所选的物品在实施中能否采购得到或制作得了。

空间的明细设计，家具、窗帘、灯饰等软装物品在方案的展示中要有的放矢，重要的物品展现出来，一些不是很重要的物品可以在报价清单里面体现。空间明细设计图应该包含家具配置方案、灯具配置方案、装饰画配置方案、绿植花艺配置方案、布艺地毯配置方案、饰品配置方案等内容。一般要求家具和布艺单独设计页面，其他工艺品类可以汇总在一个页面讲述。

四、布场阶段方案实施

（1）采购合同

流程：与客户签订采买合同，与厂商签订供货合同（前期一般会提供70%左右的货款）。

要点：

① 与客户签订合同，定制家具部分，要在厂家确保发货的时间基础上再加15天。

② 与家具厂商签订合同中加上家具生产完成后要进行初步验收。

③ 设计师要在家具未上漆之前亲自到工厂验货，对材质、工艺进行把关。

（2）配饰元素信息采集流程

家具选择：

① 品牌选择（需要考虑到客户的品位、价格，并进行市场考察）。

② 定制（定制的话价格一般会贵一点）。

③ 完成布艺、软装材料产品采集表。

（3）购买产品流程

① 配饰项目中先确定家具的采购（30～45天），再是布艺和软装材料（10天）。

要点：细节的把控决定设计师的水平。

② 产品进场前复尺。

要点：这是产品进场的最后一关，如果有问题还能够做调整。

（4）进场安装摆放流程

一般会按照软装材料→家具→布艺→画品→饰品等的顺序进行调整摆放。每次产品到场，都要设计师亲自参与摆放。

要点：软装配饰不是元素的堆砌，配饰元素的组合摆放要充分考虑到元素之间的关系以及主人的生活习惯。

五、完工验收及后期调整阶段

一般全部软装完成后，有一次保洁、回访、保修勘察以及送修的工作。

课后拓展思考

（1）主题餐饮空间的整体设计包括什么？如何体现？对于现代餐饮空间设计的作用如何？

（2）现代餐饮空间设计的主要任务是什么？最终的目的是什么？如何完成？

（3）课程学习中本人的感想如何？需要在后续课程中解决的问题是什么？

学生餐饮空间设计
参考案例（PPT）

学生餐饮空间设计
参考案例（视频）

课后自主复习——餐饮空间全案设计师的最终提升

一、高级餐厅的全案设计要点

高级餐厅用餐时间长，消费者在高级餐厅中更加注重用餐体验，对于空间氛围的要求也就更高，但空间不宜过满、设计元素不宜过多，作为服务高端顾客的用餐空间，设计重心在于室内空间的比例关系与动线的整理。

1.外观设计

（1）拉长入口距离营造神秘感

“顾客如何进入空间”是设计师重点考虑的内容。为展现餐厅的高贵感，可以拉长从大门、庭院到室内的距离，借由户外阶梯、深邃的大门过道等营造整体的气氛，增加神秘感，引发好奇心，增强用餐体验。

（2）以立面造型塑造高级大气感

高级餐厅多以私人定制或提前预约为主，消费者一般都了解餐厅位置特地前往，因此入口一般不需要过于醒目，采用低调内敛的风格反而更有助于呈现品牌调性。

2.动线设计

（1）创造尺度充裕的过道空间

高级餐厅在空间布局时需要在有限的空间内应用材质、动线、座席布置等手段加大空间视觉；动线布局务必舒适，保证带位、服务等作业顺畅，离场结账以及盥洗等都能从容低调，减少不必要的碰撞和噪声。

（2）主次动线都要体现时尚魅力

高级餐厅的动线设计可以采用变换迂回的手法创造丰富的空间动线，并巧妙融合空间中的高低落差或多变造型，增加移动行进之间的趣味，丰富加深人与人、人与空间的互动交流，打造空间独特的时尚魅力。

3.座席设计

（1）卫生间分区设计强化服务

高级餐厅的卫生间设计格外重要，是顾客感受性最强的区域，条件许可的话，建议男、女分区处理，增设第三卫生间，既可以带来良好的体验感，也可以有效分流，还可以保障清洁到位。包间区域建议设置独立卫生间，保护顾客隐私。

（2）重视顾客隐私需求

高级餐厅的座席设计可以区分公共空间与私人包间，公共区域以2～4人为主，桌距相对更宽；包间采用全封闭或半封闭形式，确保顾客隐私以及桌边服务需求。

4.材质与照明设计

（1）吸音材质创造良好用餐环境

高级餐厅需要选用吸音性较好的材料或软装，避免形成太大回音或噪声，降低用餐时的干扰，对于用餐氛围的营造也很重要。

（2）采用多种灯光塑造空间层次

高级餐厅的空间照明配置需要增加层次感，以桌面为中心的下照灯需要稍微照到人脸，减少顶棚的直接照明，以间接照明或回光灯槽为主，形成主次区分。

二、餐饮空间全案设计师的自我修养

餐饮空间全案设计师都需要哪些功底呢？也就是工作中的职能要求和技能要求分别有哪些。

作为一名餐饮空间全案设计师，除了要掌握所有相关技能外，还需要懂文化、艺术、摄影、产品工艺，而且还要懂得人体工程学，了解色彩构成和照明灯光规划，还要有独特的审美。既能追上时尚潮流，还能把握经典。

① 设计技能。设计技能就是我们常说的专业技能。它包括最基础的软装设计所用到的相关软件工具的操作，以及各类风格特点，包括色彩搭配原理和人体工程学等专业知识。同时，还要不断提升自己的沟通能力和审美能力，关注时尚流行趋势，了解高端的生活方式。

② 知识储备。一定要掌握产品相关的知识，包括地毯、窗帘、家具、灯具等的所有内容，不管是什么样的产品，它都有自己的独特属性，材质、特点、成本等。还需要了解其他相关知识，如智能家居、电动窗帘轨道等。同时，还要熟悉一些延伸知识，包括硬装设计、施工工艺、硬装材料、空间布局等。

③ 工作流程。掌握餐饮空间全案设计的工作流程，从前期的沟通到最后整个项目的完成，需要学会截取工作重点，分解重点：承接流程、项目对接流程、摆场流程、商务对接流程、方案制作流程、采购流程、付货流程等。

参考文献

[1] 蔡跃. 职业教育活页式教材开发指导手册［M］. 上海：华东师范大学出版社，2020.

[2] 漂亮家居编辑部. 餐饮空间设计圣经2.0［M］. 台北：城邦文化事业股份有限公司麦浩斯出版社，2020.

[3] 肖芳. 建筑构造［M］. 北京：北京大学出版社，2021.

[4] 李振煜，赵文瑾. 餐饮空间设计［M］. 2版. 北京：北京大学出版社，2019.

[5] 东贩编辑部. 餐饮空间设计全书［M］. 台北：台湾东贩股份有限公司，2019.

[6] 欧阳丽萍，袁玉康，郑欣. 餐饮空间设计［M］. 武汉：华中科技大学出版社，2021.

餐饮空间设计
项目训练任务手册

学校：______________________________

班级：______________________________

姓名：______________________________

项目一　餐饮空间的前奏设计

前导知识训练任务书——当地餐饮业调研报告

1. 实训班级：______________________班级

2. 实训时间：第_____教学周至第_____教学周（______年_____月_____日至______年_____月_____日）

3. 实训指导教师：____________

4. 实训地点：______________

5. 实训目的

（1）通过调研使学生对餐饮空间建立感性认识。

（2）提前对餐饮空间概念、特征、分类及组成等有更深的理解。

（3）了解餐饮空间的社会性、地域性及多样性等其他特征。

6. 实训任务要求

（1）每小组3～4人，实地调研当地比较集中的商圈，分析该商圈餐饮行业情况，尽可能全面地找到各种餐饮类型并分别分析其营业模式、经营内容以及特色。同时找到其中一类餐饮空间进行重点对比分析。

（2）调研时注意拍摄照片，保留调研资料。通过综合分析与讨论，形成PPT文件。汇报时表述清晰。

（3）学时进度：结合课内课外完成，课内4课时；利用周末时间，按小组进行有组织的参观调研，课后进行PPT制作，下周上课时分小组进行汇报。

7.PPT制作要求

PPT内必须有全组人员在调研现场的照片，图文并茂，页面数不限。版面设计必须统一，字体统一（特效除外），PPT及汇报时长6～8分钟。

内容参考：

（1）封面。

（2）PPT大纲（分析的章节与内容的目录）。

（3）小组成员及调研记录简介。

（4）商圈内各种类型餐饮空间名字、营业模式、经营内容以及定位特色。

（5）重点观察的餐饮空间名字、营业模式、经营内容以及定位特色；店面门头、平面布局及交通组织等外、内部设计形式。

（6）以自己的语言阐述餐饮空间的概念、分类及特征与组成。

8.考核评价

（1）素质考核（教师考勤考评）：本阶段调研团队的到勤率及完成态度。

（2）团队团结合作过程考核（教师提问考评）：团队合作精神、工作分配及配合度。

（3）成果考核（学生互评、教师考评）：PPT成果汇报时，组长负责汇报，其他组员必须等待回答教师及同学所提出的问题。

前导技能训练任务书——主题餐饮空间入口门头快题设计

1.实训班级：____________________班级

2.实训时间：第_____教学周至第_____教学周（______年_____月_____日至______年_____月_____日）

3.实训指导教师：____________

4.实训地点：_____________

5.实训目的

（1）初步掌握常规的快图的设计方法。

（2）初步掌握快速分析问题、解决问题的方法。

（3）初步掌握餐饮空间入口门头的表现形式。

6.实训任务要求

（1）餐厅选址为当地某商圈临街商用2层建筑，具体位置自定。结合前期调研结果确定餐厅消费群体以及经营内容。

（2）本次设计内容只限于餐厅正立面店面设计，层高4200mm（板底）入口。

（3）自拟主题作为餐饮空间的设计引导；利用主题元素，突出设计理念，同时注意材料的选择；外立面的改造设计，能给消费者一定的视觉冲击力，同时也要表现出餐厅的经营特色。

（4）学时进度：利用课外完成，建议设计时间120分钟，即方案构思阶段30分钟，草图表现阶段90分钟。

7.成果要求

A3图幅图纸，钢笔绘制，手绘、上彩。

（1）餐厅门头外立面图1张，比例自定。

要求：表示建筑体形组合关系，注意线型；区别各种建筑材料，墙面的划分。

（2）餐厅门头透视图1张，表现方法不限；表现建筑的体形关系、材料及质感，注意店招和标识完整清晰（上彩）。

（3）方案设计说明200字以上，包括餐厅选址情况、经营内容、设计主题以及主材工艺等。

8.评分标准（设计要点）

（1）功能定位：10%。

（2）造型设计：40%。

（3）图面表现：50%。

项目实操训练任务书——某品牌茶饮空间前厅设计

1.实训班级：______________________班级

2.实训时间：第_____教学周至第_____教学周（______年_____月_____日至______年_____月_____日）

3.实训指导教师：____________

4.实训地点：_____________

5.实训目的

（1）选定设计主题后进一步确定具体设计对象，通过周密的市场调查分析掌握品牌茶饮空间的视觉营销策略。

（2）了解品牌茶饮空间入口到前厅的功能，满足入口导引、接待、前台、休息区、通道等基本功能需求。

（3）把握“以人为本”的原则，餐桌、椅的高度、宽度以及主次通道宽度设计。

（4）掌握环保材料创新设计的方法。

（5）把握工程技术与设计创意的协调一致。

6.实训任务要求

（1）突出“以人为本”的设计理念。在满足功能需求的基础上，力求方案构思新颖。

（2）整体设计风格现代、简洁、明快。

（3）空间布置合理，色彩和谐，满足功能和审美的需要。

（4）装饰材料选用得当，并注重材料的环保性。

（5）学时进度：结合课内课外完成，课内12课时，即方案构思阶段2课时，草图表现阶段4课时，方案制作阶段6课时。

7.成果要求

品牌茶饮空间局部设计施工图制作（统一为CAD2014或CAD2000版本）。

（1）外立面门头设计

要求：品牌logo展示符合品牌定位；外立面和入口功能及设施明确合理；标注齐全，符合施工管理要求。

（2）室内平面及顶棚布置图

要求：平面布局合理，注明标高、尺寸及材料；布置灯具及设备。

（3）内部空间主要立面图

要求：不少于6张，要体现主题、装饰艺术，注明尺寸及材料。

（4）入口门头及室内主要空间透视效果图

要求：3张，表现主要设计风格（可手绘或软件绘制）。

（5）顶棚或立面设计的构造节点图

要求：不少于4张，注明尺寸及材料。

（6）设计说明

要求：不少于500字，说明品牌茶饮空间经营内容、客户定位、设计构思、主材选用等。

（7）功能分析图（功能泡泡图）和交通流线分析图

注意：每张CAD图纸须有统一格式的图名和图标，要求有详细的尺寸、材料、标注。

8.评分标准

（1）功能定位：10%。

（2）构思设计：20%。

（3）空间环境：30%。

（4）图纸效果：40%。

项目拓展训练任务书——某主题茶饮空间设计

1.实训班级：______________________班级

2.实训时间：第_____教学周至第_____教学周（______年_____月_____日至______年_____月_____日）

3.实训指导教师：_____________

4.实训地点：______________

5.实训目的

（1）选定设计主题后进一步确定具体设计对象，通过周密的市场调查分析掌握茶饮空间的视觉营销策略。

（2）了解茶饮空间的功能分区、空间形态的多样化。

（3）把握“以人为本”的原则，餐桌、椅的高度、宽度以及主次通道宽度设计。

（4）掌握环保材料创新设计的方法。

（5）把握工程技术与设计创意的协调一致。

6.实训任务要求

（1）突出“以人为本”的设计理念。在满足功能需求的基础上，力求方案构思新颖。

（2）整体设计风格现代、简洁、明快。

（3）空间布置合理，色彩和谐，照明、空调、通风能满足功能和审美的需要。

（4）装饰材料选用得当，并注重材料的环保性。

（5）学时进度：结合课内课外完成，课内12课时，即方案构思阶段2课时，草图表现阶段4课时，方案制作阶段6课时。

7.成果要求

茶饮空间室内设计施工图制作（统一为CAD2014或CAD2000版本）。

（1）总平面布置图

要求：注明各功能区名称，有高差变化时须注明标高，应布置家具、地面铺砖及设备。

（2）顶棚布置图

要求：注明顶棚标高、尺寸及材料，布置灯具及设备。

（3）餐厅主要立面图

要求：不少于6张，要体现主题、装饰艺术，注明尺寸及材料。

（4）入口门头立面图

要求：1张，表现茶饮空间主题，应注明材料及尺寸。

（5）入口门头及室内主要空间透视效果图

要求：3张，表现主要设计风格（可手绘或软件绘制）。

（6）顶棚或立面设计的构造节点图

要求：不少于4张，注明尺寸及材料。

（7）设计说明

要求：不少于500字，说明茶饮空间经营内容、客户定位、设计构思、主材选用等。

（8）功能分析图（功能泡泡图）和交通流线分析图

注意：每张CAD图纸须有统一格式的图名和图标，要求有详细的尺寸、材料、标注。

8.评分标准

（1）功能定位：10%。

（2）构思设计：20%。

（3）空间环境：30%。

（4）图纸效果：40%。

餐饮空间设计
Catering
Space Design
地址：
电话：
传真：

备注：

餐饮空间设计项目实操训练任务

修改记录 Rev. No.	摘要 Brief Description	日期 Date

图纸名称：Drawing Title

项目一 餐饮空间的前奏设计

主题餐饮空间入口门头快题设计

审核：Approved By

校对：Checked By

设计：Designed By

制图：Drawn By

比例：Scale

设计阶段：Issued For

出图日期：Print Date

工程编号：Project No.

图号：Drawing No.

餐饮空间设计
Catering
Space Design
地址：
电话：
传真：

备注

餐 饮 空 间 设 计 项 目 实 操 训 练 任 务

修改记号 Rev. No.	摘要 Brief Description	日期 Date
△		
△		
△		
△		
△		
△		
△		
△		

图纸名称：Drawing Title

项目一　餐饮空间的前奏设计

某品牌茶饮空间前厅设计
（草图）

审核：Approved By

校对：Checked By

设计：Designed By

制图：Drawn By

比例：Scale

设计阶段：Issued For

出图日期：Print Date

工程编号：Project No.

图号：Drawing No.

餐饮空间设计
Catering
Space Design

地址：
电话：
传真：

备注

餐 饮 空 间 设 计 项 目 实 操 训 练 任 务

修改记录 Rev. No.
摘要 Brief Description
日期 Date

图纸名称：Drawing Title

项目一　餐饮空间的前奏设计

某主题茶饮空间设计

（草图）

审核：Approved By
校对：Checked By
设计：Designed By
制图：Drawn By
比例：Scale
设计阶段：Issued For
出图日期：Print Date
工程编号：Project No.
图号：Drawing No.

项目一评价反馈表

学生自评互评表

<table>
<tr><td colspan="6">班级：　　　　　　　　姓名：　　　　　　　　学号：</td></tr>
<tr><td colspan="2">项目一</td><td colspan="4">餐饮空间的前奏设计</td></tr>
<tr><td>序号</td><td>评价项目</td><td>分值</td><td>实训要求</td><td>自我评定</td><td>备注</td></tr>
<tr><td>1</td><td>完成情况</td><td>50</td><td>按时按要求完成实训任务</td><td></td><td></td></tr>
<tr><td>2</td><td>完成纪律</td><td>10</td><td>遵守课堂纪律，无事故</td><td></td><td></td></tr>
<tr><td>3</td><td>成果展示</td><td>25</td><td>成果符合任务书要求</td><td></td><td></td></tr>
<tr><td>4</td><td>团队协作</td><td>15</td><td>服从并配合团队工作</td><td></td><td></td></tr>
<tr><td colspan="4">合计</td><td></td><td></td></tr>
<tr><td colspan="6">实训总结与反馈：

小组其他成员评价得分（小组项目）：__________、__________、__________、__________
组长评价得分：__________</td></tr>
</table>

教师综合评价表

<table>
<tr><td colspan="6">班级：　　　　　　　　姓名：　　　　　　　　学号：</td></tr>
<tr><td colspan="2">项目一</td><td colspan="4">餐饮空间的前奏设计</td></tr>
<tr><td>序号</td><td>评价项目</td><td>分值</td><td>实训要求</td><td>考核评定</td><td>备注</td></tr>
<tr><td>1</td><td>完成情况</td><td>50</td><td>按时按要求完成实训任务</td><td></td><td></td></tr>
<tr><td>2</td><td>完成纪律</td><td>10</td><td>遵守课堂纪律，无事故</td><td></td><td></td></tr>
<tr><td>3</td><td>成果展示</td><td>25</td><td>成果符合任务书要求</td><td></td><td></td></tr>
<tr><td>4</td><td>团队协作</td><td>15</td><td>服从并配合团队工作</td><td></td><td></td></tr>
<tr><td colspan="4">合计</td><td></td><td></td></tr>
<tr><td colspan="6">存在的问题：

指导教师：
评价时间：</td></tr>
</table>

项目二　餐饮空间的主体设计

前导知识训练任务书——小型餐饮空间调研报告

1.实训班级：________________________班级

2.实训时间：第_____教学周至第_____教学周（______年_____月_____日至______年_____月_____日）

3.实训指导教师：______________

4.实训地点：______________

5.实训目的

（1）通过参观和调研使学生对小型餐饮空间建立感性认识。

（2）提前对餐饮空间设计内容、设计程序以及室内规划设计等有一定的理解。

（3）了解不同类型餐饮空间的社会性、地域性及多样性等其他特征。

6.实训任务要求

（1）每小组3～4人，在前期实地调研的基础上，观察分析一家小型餐饮空间（照片、测量、沟通、观察），测量空间内部数据，重点在于营业区、辅助空间以及过渡空间的数据，绘制施工图纸。同时分析该餐饮空间经营模式、营业特点、室内布局优缺点并提供改进方案。

（2）调研时注意拍摄照片，保留调研资料。通过综合分析与讨论，形成PPT文件。汇报时表述清晰。

（3）学时进度：结合课内课外完成，课内4课时。利用周末时间，按小组进行有组织的参观调研，课后进行PPT制作，下周上课时分小组进行汇报。

7.PPT制作要求

PPT内必须有全组人员在调研现场的照片，图文并茂，页面数不限。版面设计必须统一，字体统一（特效除外），PPT汇报时长6～8分钟。

内容参考：

（1）封面。

（2）PPT大纲（分析的章节与内容的目录）。

（3）***餐厅项目背景资料（经营模式、营业特点）。

（4）***餐厅现场外部照片资料（地理位置、周边环境）。

（5）***餐厅现场内部照片资料（室内布局、主要功能空间）。

（6）现有店铺调研分析（优点、需改善处）。

（7）现有店铺实测图纸。

（8）现有店铺建议改进方案。

（9）小组成员及测绘调研简介。

8.考核评价

（1）素质考核（教师考勤考评）：本阶段调研团队的到勤率及完成态度。

（2）团队团结合作过程考核（教师提问考评）：团队合作精神、工作分配及配合度。

（3）成果考核（学生互评、教师考评）：PPT成果汇报时，组长负责汇报，其他组员必须等待回答教师及同学所提出的问题。

前导技能训练任务书——现代中式餐厅前厅快题设计

1.实训班级：____________________班级

2.实训时间：第_____教学周至第_____教学周（______年_____月_____日至______年_____月_____日）

3.实训指导教师：____________

4.实训地点：_____________

5.实训目的

（1）初步掌握常规的快图的设计方法。

（2）初步掌握快速分析问题、解决问题的方法。

（3）初步掌握餐饮空间内部功能空间设计表现。

6.实训任务要求

（1）餐厅选址为当地某商圈临街商用1层建筑，具体位置自定。结合前期调研结果确定餐厅消费群体以及经营内容。

（2）本次设计内容只限于餐厅内部前厅设计，满足接待、前台、休息区、通道等前厅基本功能，层高4200mm（板底）入口。

（3）掌握餐厅前厅设计的基本原理，在妥善解决功能区问题的基础上，力求方案设计富于文化与特色；利用主题元素，突出设计理念，同时注意材料的选择。

（4）学时进度：利用课外完成，建议设计时间120分钟，即方案构思阶段30分钟，草图表现阶段90分钟。

7.成果要求

A3图幅图纸，钢笔绘制，手绘、上彩。

（1）平面线稿1张，比例自定。

（2）透视线稿2～3张，表现方法不限。

（3）方案设计说明200字以上，包括餐厅选址情况、经营内容、设计主题以及主材工艺等。

8.评分标准（设计要点）

（1）功能定位：10%。

（2）造型设计：40%。

（3）图面表现：50%。

项目实操训练任务书——某中型主题餐厅设计

1.实训班级：______________________班级

2.实训时间：第_____教学周至第_____教学周（______年_____月_____日至______年_____月_____日）

3.实训指导教师：______________

4.实训地点：______________

5.实训目的

（1）选定设计主题后进一步确定具体设计对象，通过周密的市场调查分析掌握主题餐厅的视觉营销策略。

（2）了解主题餐厅的功能分区、空间形态的多样化。

（3）把握“以人为本”的原则，餐桌、椅的高度、宽度以及主次通道宽度设计。

（4）掌握环保材料创新设计的方法。

（5）把握工程技术与设计创意的协调一致。

6.实训任务要求

（1）突出“以人为本”的设计理念。在满足功能的基础上，力求方案构思新颖。

（2）整体设计风格现代、简洁、明快。

（3）空间布置合理，色彩和谐，照明、空调、通风能满足功能和审美的需要。

（4）装饰材料选用得当，并注重材料的环保性。

（5）学时进度：结合课内课外完成，课内16课时，即方案构思阶段2课时，草图表现阶段4课时，方案制作阶段10课时。

7.基地条件

项目为本地繁华商业街夹缝地段一中型茶艺馆，建筑为两层，总建筑面积不超过450m^2，建筑高度不超过9m，设160～180个座位。地段周围建筑为两至三层，茶艺馆与毗邻建筑交接处均不能开窗，门前可适当退让或布置室外茶座。

8.设计要求（设计功能）

（1）客用部分

① 茶艺厅（分两层，座位160～180个）。

② 服务柜台（包括陈列柜架、付款机、水吧等）。

③ 门厅（包括等候区域、店铺导引等）。

④ 客用厕所（男女各2个厕位、清洁间等相应设备）。

（2）服务部分

① 茶炉间（包含茶炉和洗池）。

② 洗涤消毒（洗涤池、消毒柜、茶具短时置放台等）。

③ 库房（食品柜、冷藏柜等）。

（3）辅助部分

① 更衣间（男女各1间）。

② 厕所（男女各1间）。

③ 办公管理空间（2间，经理、会计、值班人员）。

9.成果要求

室内设计施工图制作（统一为CAD2014或CAD2000版本）。

（1）总平面布置图

要求：注明各功能区名称；有高差变化时须注明标高；应布置家具、地面铺砖及设备，必要时可分列图纸。

（2）顶棚布置图

要求：注明顶棚标高、尺寸及材料；布置灯具及设备，必要时可分列图纸。

（3）餐厅主要立面图

要求：不少于20张，要体现主题、装饰艺术，注明尺寸及材料。

（4）入口门厅立面图

要求：1张，表现餐厅主题，应注明材料及尺寸。

（5）入口及室内主要空间透视效果图

要求：不少于5张；计算机软件绘制，表现主要设计风格。

（6）顶棚或立面设计的构造节点图

要求：不少于10张，注明尺寸及材料。

（7）设计说明

要求：不少于500字，说明餐厅空间经营内容、客户定位、设计构思、主材选用等。

（8）功能分析图（功能泡泡图）和交通流线分析图

注意：每张CAD图纸须有统一格式的图名和图标，要求有详细的尺寸、材料、标注。

10.评分标准

（1）功能定位：10%。

（2）构思设计：20%。

（3）空间环境：30%。

（4）图纸效果：40%。

项目拓展训练任务书——某零点主题餐厅设计

1.实训班级：____________________班级

2.实训时间：第_____教学周至第_____教学周（______年_____月_____日至______年_____月_____日）

3.实训指导教师：_____________

4.实训地点：______________

5.实训目的

① 根据所提供的建筑平面进行平面设计及装饰设计。

② 所提供的平面为临街商用2层建筑，本次设计内容只限于室内净空间及餐厅正立面店面设计。

③ 条件：层高4200mm（板底），梁高500mm（高），厨房部分不用设计。

6.实训任务要求

① 自定餐厅地址，并调研周边环境、客流量、消费群体，确定餐厅的档次。

② 自拟主题作为餐饮空间的设计引导。

③ 充分利用室内的空间关系，表现餐饮空间的氛围。

④ 利用主题元素，突出设计理念，同时注意材料的选择。

⑤ 外立面及入口门头设计，要求具有视觉冲击力，体现餐厅的经营特色。

7.成果要求

（1）方案设计施工图

① 平面图（含地面铺装、设施、陈设设计等）：出图比例为1 ∶ 100或1 ∶ 50。

② 顶面图（含顶面装修、照明设计等）：出图比例为1 ∶ 100或1 ∶ 50。

③ 基本功能空间的立面图（每个空间至少2个立面，须表示空间界面装修、设施和相应的陈设设计等）；其他功能空间（自拟）的立面图数量4张，出图比例为1 ∶ 50或1 ∶ 30。

④ 建筑外观立面图：出图比例为1 ∶ 50或1 ∶ 30。

（2）效果表达

① 在基本功能空间中至少选择2个空间（其中大厅就餐空间为必选），绘制相应的效果图4张。

② 绘制建筑外观效果图1张。

（3）提交作品的电子文档

要求内容编排A3标本打印装订，并上交电子文件，如电脑制图需上交3D模型。

8.评分标准

（1）功能定位：10%。

（2）构思设计：20%。

（3）空间环境：30%。

（4）图纸效果：40%。

餐饮空间设计
Catering Space Design

餐饮空间设计项目实操训练任务

项目二 餐饮空间的主体设计

现代中式餐厅前厅快题设计

修改记录 Rev. No.	摘要 Brief Description	日期 Date

图纸名称: Drawing Title

审核: Approved By

校对: Checked By

设计: Designed By

制图: Drawn By

比例: Scale

设计阶段: Issued For

出图日期: Print Date

工程编号: Project No.

图号: Drawing No.

餐饮空间设计
Catering
Space Design
地址：
电话：
传真：

备注：

餐饮空间设计项目实操训练任务

修改记录 Rev. No.	摘要 Brief Description	日期 Date

图纸名称：Drawing Title

项目二 餐饮空间的主体设计

某中型主题餐厅设计

审核：Approved By

校对：Checked By

设计：Designed By

制图：Drawn By

比例：Scale

设计阶段：Issued For

出图日期：Print Date

工程编号：Project No.

图号：Drawing No.

餐饮空间设计
Catering
Space Design

地址：
电话：
传真：

备注

餐饮空间设计项目实操训练任务

修改记录 Rev. No.	摘要 Brief Description	日期 Date

图纸名称：Drawing Title

项目二 餐饮空间的主体设计

某零点主题餐厅设计
（草图）

审核：Approved By

校对：Checked By

设计：Designed By

制图：Drawn By

比例：Scale

设计阶段：Issued For

出图日期：Print Date

工程编号：Project No.

图号：Drawing No.

项目二评价反馈表

学生自评互评表

<table>
<tr><td colspan="2">班级：</td><td colspan="2">姓名：</td><td colspan="2">学号：</td></tr>
<tr><td colspan="2">项目二</td><td colspan="4">餐饮空间的主体设计</td></tr>
<tr><td>序号</td><td>评价项目</td><td>分值</td><td>实训要求</td><td>自我评定</td><td>备注</td></tr>
<tr><td>1</td><td>完成情况</td><td>50</td><td>按时按要求完成实训任务</td><td></td><td></td></tr>
<tr><td>2</td><td>完成纪律</td><td>10</td><td>遵守课堂纪律，无事故</td><td></td><td></td></tr>
<tr><td>3</td><td>成果展示</td><td>25</td><td>成果符合任务书要求</td><td></td><td></td></tr>
<tr><td>4</td><td>团队协作</td><td>15</td><td>服从并配合团队工作</td><td></td><td></td></tr>
<tr><td colspan="4">合计</td><td></td><td></td></tr>
<tr><td colspan="6">实训总结与反馈：

小组其他成员评价得分（小组项目）：__________、__________、__________、__________
组长评价得分：__________</td></tr>
</table>

教师综合评价表

<table>
<tr><td colspan="2">班级：</td><td colspan="2">姓名：</td><td colspan="2">学号：</td></tr>
<tr><td colspan="2">项目二</td><td colspan="4">餐饮空间的主体设计</td></tr>
<tr><td>序号</td><td>评价项目</td><td>分值</td><td>实训要求</td><td>自我评定</td><td>备注</td></tr>
<tr><td>1</td><td>完成情况</td><td>50</td><td>按时按要求完成实训任务</td><td></td><td></td></tr>
<tr><td>2</td><td>完成纪律</td><td>10</td><td>遵守课堂纪律，无事故</td><td></td><td></td></tr>
<tr><td>3</td><td>成果展示</td><td>25</td><td>成果符合任务书要求</td><td></td><td></td></tr>
<tr><td>4</td><td>团队协作</td><td>15</td><td>服从并配合团队工作</td><td></td><td></td></tr>
<tr><td colspan="4">合计</td><td></td><td></td></tr>
<tr><td colspan="6">存在的问题：

指导教师：
评价时间：</td></tr>
</table>

项目三　餐饮空间的升华设计

前导知识训练任务书——****（地区）室内装饰行业市场调研

1. 实训班级：____________________班级

2. 实训时间：第_____教学周至第_____教学周（______年_____月_____日至______年_____月_____日）

3. 实训指导教师：_____________

4. 实训地点：______________

5. 实训目的

（1）能够了解室内装饰行业市场方向，熟悉室内装饰设计岗位的基本操作范畴与流程。

（2）把握餐饮空间中室内装饰的重要性。

（3）了解餐饮空间整体设计的意义以及设计方法。

6. 实训任务要求

（1）每小组3～4人，深入当地专业装饰市场，广泛收集线上线下相关资料，包括产品样本、商品介绍、具体价格与材质信息等，建立个人装饰素材库。

（2）深入行业企业，了解装饰市场的发展状况，按照规定的程序完成调研，并做好调查报告与汇报工作。

（3）调研时注意拍摄照片，保留调研资料。通过综合分析与讨论，形成PPT文件。汇报时表述清晰。

（4）学时进度：结合课内课外完成，课内4课时。利用周末时间，按小组进行有组织的参观调研，课后进行PPT制作，下周上课时分小组进行汇报。

7. PPT制作要求

PPT内必须有全组人员在调研现场的照片，图文并茂，页面数不限。版面设计必须统一，字体统一（特效除外），PPT汇报时长6～8分钟。

内容参考：

（1）封面。

（2）PPT大纲（分析的章节与内容的目录）。

（3）室内装饰市场、行业企业调查情况分析。

（4）室内软装饰主流产品调查。

（5）餐饮空间软装饰配型和设计方式调查。

（6）小组成员及测绘调研简介。

8.考核评价

（1）素质考核（教师考勤考评）：本阶段调研团队的到勤率及完成态度。

（2）团队团结合作过程考核（教师提问考评）：团队合作精神、工作分配及配合度。

（3）成果考核（学生互评、教师考评）：PPT成果汇报时，组长负责汇报，其他组员必须等待回答教师及同学所提出的问题。

前导技能训练任务书（一）——主题及特色餐厅方案快题设计

1.实训班级：____________________班级

2.实训时间：第_____教学周至第_____教学周（______年_____月_____日至______年_____月_____日）

3.实训指导教师：_____________

4.实训地点：______________

5.实训目的

（1）初步掌握常规的快图的设计方法。

（2）初步掌握快速分析问题、解决问题的方法。

（3）初步掌握餐饮空间内部功能空间设计表现。

6.实训任务要求

（1）餐厅选址为当地某商圈临街商用2层建筑，面积约300m^2，层高4200mm（板底）。具体位置自定。结合前期调研结果确定餐厅消费群体以及经营内容。

（2）本次设计为自定义的主题餐厅设计，设计满足主题及特色餐厅整体布局要求及各功能区基本功能要求。

（3）以满足功能需要为原则，流线清晰，分区合理，风格突出，主题色彩鲜明，文化内涵丰富，通过形态、色彩、照明、陈设、景观植物的摆放等有形的元素来营造餐厅的氛围。

（4）学时进度：利用课外完成，建议设计时间120分钟，即方案构思阶段30分钟，草图表现阶段90分钟。

7.成果要求

A3图幅图纸，钢笔、中性笔及马克笔徒手表现，上彩。

（1）方案总平面图1张、功能分析图1张、流线分析图1张、设计说明1张、立面图4张、透视图4张。

（2）方案设计说明200字以上，包括餐厅选址情况、经营内容、设计主题以及主材工艺等。

（3）学时进度：4课时，课内随堂完成，即方案构思阶段1课时，草图表现阶段1课时，方案制作阶段2课时。

8.评分标准（设计要点）

（1）功能定位：10%。

（2）造型设计：40%。

（3）图面表现：50%。

前导技能训练任务书（二）——主题餐饮空间软装配型设计

1. 实训班级：____________________班级

2. 实训时间：第_____教学周至第_____教学周（______年_____月_____日至______年_____月_____日）

3. 实训指导教师：_____________

4. 实训地点：______________

5. 实训目的

（1）能根据客户信息确立装饰风格，并进行餐厅软装饰配型方案的设计与制作。

（2）了解并熟悉各种装饰设计风格，并能采集提炼设计元素，在装饰设计中合理应用。

（3）熟悉软装饰设计配型工作的基本操作程序。

6. 实训任务要求

（1）结合前期中型主题餐厅设计方案进行该项目室内软装配型设计。

（2）明确突出原方案设计风格，并对空间进行主要功能性和装饰性软装饰配型设计。

（3）学时进度：利用课外完成，建议设计时间180分钟，即方案构思阶段30分钟，素材元素收集阶段60分钟，表现阶段90分钟。

7.PPT制作

（1）封面、目录、相应风格的配饰风格定位、封底。

（2）风格介绍、项目基本设计情况说明。

（3）相应风格的室内绿植、插花花艺装饰、家具陈设、灯具陈设、室内织物装饰、艺术品陈设等室内软装配型设计方案。

（4）方案设计说明800字以上。

8. 评分标准（设计要点）

（1）功能定位：10%。

（2）造型设计：40%。

（3）图面表现：50%。

项目实操训练任务书——某主题餐厅整体设计

1.实训班级：____________________班级

2.实训时间：第_____教学周至第_____教学周（______年_____月_____日至______年_____月_____日）

3.实训指导教师：_____________

4.实训地点：______________

5.实训目的

（1）通过对餐饮空间设计的学习，让学生初步建立室内装饰设计概念，掌握主题餐厅设计的基本要求、设计理念，熟悉室内设计的工作流程。

（2）了解主题餐厅的功能分区、空间形态的多样化。

（3）掌握餐饮空间整体设计全流程，掌握设计表现手法。

（4）把握环保材料、工程技术与设计创意的协调一致。

6.实训任务要求

（1）突出“以人为本”，在满足功能的基础上，力求方案构思新颖、主题突出。

（2）空间布置合理，色彩和谐，照明、空调、通风能满足功能和审美的需要。

（3）方案整体设计完整，室内硬装软装协调统一。

（4）学时进度：结合课内课外完成，课内20课时，即方案构思阶段2课时，草图表现阶段4课时，方案制作阶段14课时。

7.设计要求（设计功能）

项目基本情况自拟，建议总建筑面积不超过1000m^2。

各功能部分要求自拟。

8.成果要求

（1）餐厅入口及室内装饰设计全套施工图制作（统一为CAD2014或CAD2000版本）

① 规格为A3图幅。横式使用，左侧装订，图面布置合理、构图美观、准确详细。

② 封面、封底精心设计，可选用加厚彩页纸；封面内容包括：项目名称、班级、姓名、学号、指导教师、完成时间。

③ 图纸顺序[封面、目录、设计施工说明、施工图（按平、顶、立、剖详图排序）、材料汇总清单、封底]。

（2）室内整体软装方案设计制作（PPT）

① 封面：标明项目名称以及设计主题。

② 目录索引。

③ 设计主题。

④ 设计说明。

⑤ 设计风格、材质及色彩定位。

⑥ 灵感溯源。

⑦ 平面布局图。

⑧ 人流动向图（根据具体情况看需不需要）。

⑨ 空间索引图。

⑩ 空间明细设计图：家具配置方案、灯具配置方案、装饰画配置方案、绿植花艺配置方案、布艺地毯配置方案、饰品配置方案等。

（3）入口门头及室内主要方位装饰方案效果图。

9.评分标准

（1）功能定位：10%。

（2）构思设计：20%。

（3）空间环境：30%。

（4）图纸效果：40%。

项目拓展训练任务书——某主题文化餐厅整体设计

1. 实训班级：____________________班级

2. 实训时间：第_____教学周至第_____教学周（______年_____月_____日至______年_____月_____日）

3. 实训指导教师：_____________

4. 实训地点：______________

5. 实训目的

引导学生结合所学过的相关设计理论，从餐饮文化的特点入手尝试从生活中或其他艺术门类中寻找主题并赋予空间，注重室内空间的情感设计，对餐饮文化进行更深入的空间诠释。

6. 实训任务要求

① 选择一个区域地段，如休闲娱乐区域或城市商务中心区等，深入分析周边环境文化及人群特征，对餐饮室内空间进行整体的定位。

② 建筑室内概况：占地面积为450m^2，使用总面积为880m^2，建筑结构类型是框架结构。

③ 前期调研实践

A.纵向调查

a.对选择区域地段调研，包括区位、交通、周边消费环境、文化特征等。

b.对餐饮空间的顾客进行调研：对消费人群的定位，分析其对餐饮环境的喜好，以及对空间体验的要求。

c.结合城市的文化特征，分析普通人群的餐饮习惯。

B.横向调查

a.搜集和分析主题文化餐厅优秀案例，尤其是大量的图片资料，加强对此类主题餐饮空间的全面了解。

b.现场拍摄以及视觉笔记的完成。选择几个所处城市中已存在的优秀主题文化餐厅进行考察调研。

7. 成果要求

（1）方案设计施工图

① 平面图（含地面铺装、设施、陈设设计等）：出图比例为1 ∶ 100或1 ∶ 50。

② 顶面图（含顶面装修、照明设计等）：出图比例为1 ∶ 100或1 ∶ 50。

③ 基本功能空间的立面图（每个空间至少2个立面，须表示空间界面装修、设施和相应的陈设设计等）；其他功能空间（自拟）的立面图数量4张，出图比例为1 ∶ 50或1 ∶ 30。

④ 建筑外观立面图：出图比例1 ∶ 50或1 ∶ 30。

（2）效果表达

① 在基本功能空间中至少选择5个空间，绘制相应的空间以及软装效果图。

② 绘制建筑外观效果图3张。

③ 绘制建筑整体鸟瞰图或爆炸图1张。

④ 制作室内空间漫游视频，时长5分钟以内，MP4格式，720P分辨率。

⑤ 汇报全案方案提报PPT，时长5分钟内。

（3）提交作品的电子文档

要求内容编排A3标本打印装订，并上交电子文件，如电脑制图需上交3D模型。

8.评分标准

（1）功能定位：10%。

（2）构思设计：20%。

（3）空间环境：30%。

（4）图纸效果：40%。

餐饮空间设计
Catering
Space Design

餐饮空间设计项目实操训练任务

项目三 餐饮空间的升华设计

主题及特色餐厅方案快题设计

餐饮空间设计
Catering
Space Design

地址：
电话：
传真：

备注：

餐饮空间设计项目实操训练任务

修改记录 Rev. No. | 摘要 Brief Description | 日期 Date

图纸名称 Drawing Title

项目三 餐饮空间的升华设计

主题餐饮空间软装配置设计

审核 Approved By
校对 Checked By
设计 Designed By
制图 Drawn By
比例 Scale
设计阶段 Issued For
出图日期 Print Date
工程编号 Project No.
图号 Drawing No.

餐饮空间设计
Catering
Space Design
餐饮空间设计项目实操训练任务
修改记录 Rev. No.
摘要 Brief Description
日期 Date
图纸名称 Drawing Title
项目三 餐饮空间的升华设计
某主题餐厅整体设计
（草图）
审核 Approved By
校对 Checked By
设计 Designed By
制图 Drawn By
比例 Scale
设计阶段 Issued For
出图日期 Print Date
工程编号 Project No.
图号 Drawing No.

餐饮空间设计
Catering
Space Design

地址：
电话：
传真：

备注

餐饮空间设计项目实操训练任务

修改记录 Rev. No.	摘要 Brief Description	日期 Date

图纸名称 Drawing Title

项目三 餐饮空间的升华设计

某主题文化餐厅整体设计
（草图）

审核 Approved By

校对 Checked By

设计 Designed By

制图 Drawn By

比例 Scale

设计阶段 Issued For

出图日期 Print Date

工程编号 Project No.

图号 Drawing No.

项目三评价反馈表

学生自评互评表

班级：		姓名：		学号：	
项目三		餐饮空间的升华设计			
序号	评价项目	分值	实训要求	自我评定	备注
1	完成情况	50	按时按要求完成实训任务		
2	完成纪律	10	遵守课堂纪律，无事故		
3	成果展示	25	成果符合任务书要求		
4	团队协作	15	服从并配合团队工作		
合计					
实训总结与反馈： 小组其他成员评价得分（小组项目）：_________、_________、_________、_________ 组长评价得分：_________					

教师综合评价表

班级：		姓名：		学号：	
项目三		餐饮空间的升华设计			
序号	评价项目	分值	实训要求	自我评定	备注
1	完成情况	50	按时按要求完成实训任务		
2	完成纪律	10	遵守课堂纪律，无事故		
3	成果展示	25	成果符合任务书要求		
4	团队协作	15	服从并配合团队工作		
合计					
存在的问题： 指导教师： 评价时间：					